塙和也

原子力と政治

ポスト三一一の政策過程

白水社

原子力と政治——ポスト三一一の政策過程

装幀＝コバヤシタケシ
組版＝鈴木さゆみ

原子力と政治＊目次

序章　新指針　7

プルトニウム／米国のお墨付き／本書の狙い

第一章　日米原子力協定　19

戦後日本と原子力の平和利用／プルトニウム・バランスの責任組織／規制庁内の案
原子力委の消極性と権限の空白／原子力委の解体／推進側からの脱却
「基本的考え方」を巡る攻防／経産省の反対／「基本的考え方」を英訳
山本一太のリーダーシップ／従属関係の萌芽／国際批判
切り札だった再処理機構新設／電力自由化／米国との本格交渉／期限つき断念
再処理量の制限／米国の度重なるテロへの懸念／フランス方式の採用
東西の融通問題／クリス・フォード／英国との交渉

第二章　虚像の原発ゼロ　79

再処理見直し／六ヶ所村の決起文／時間切れとなった民主党政権／資源エネルギー調査会
見直し前のエネルギー基本計画／初会合／電力に牙をむく経産省／コスト等検証委員会
エネルギー原案三案／核燃料サイクル政策の選択肢／「秘密会議」問題
債務保証問題／国民的議論の手法／十五パーセント案で政府は楽観視
意見聴取会／古代ギリシャ以来／「想定外」の原発ゼロ／選挙と原発ゼロ
そして原発ゼロ／猛反発する英仏、経済界／立ちはだかる米国／事実上の撤回
数日で噴出した矛盾／結局二項対立

第三章　夢に終わった資源自給　129

降ろせない研究継続の旗／河野外相の意見／もんじゅの存廃／原子力規制委の「勧告」
旧科学技術庁の意地／延命策探る文科省／経産省との協議／経産大臣の要請

高速炉継続と日米原子力協定／文科、経産の対立／アストリッド
政策決定過程の不透明化／繰り返された看板の掛け替え／規制委の政策判断
地元同意の政策過程／「もんじゅカード」／政策過程で重要な点／フランスの背信
二転三転／ロシアの打診／縮小から凍結通告
フランスの事情とウラン資源／ロードマップの書き換え／高速炉、その後

終章　人形峠　181

原子力政策、多頭型の失敗／三菱重工本社／官民泣き別れの再処理施設
渡れない交差点

あとがき　197
参考文献　200
関連年表　*1*

序章

新指針

1957年、日本原子力研究所の実験用1号原子炉の完成式典（茨城・東海村）。原子力委員会の正力松太郎委員長（正面右）がスイッチを押す（時事）

プルトニウム

「この新指針は日本が世界の核不拡散でリーダーシップを果たすという証左だ」。二〇一八年八月八日、東京都内で開かれた日本とアメリカの原子力に関する非公開の会合。米エネルギー省副長官のダン・ブルイエットは内閣府の原子力委員会委員長の岡芳明ら出席者を見回しながらこう絶賛した。新指針とは原子力委員会が七月三十一日にプルトニウム管理についてまとめた全五項から成る新しい政府方針のことだ。

プルトニウムは原子力発電所で利用した使用済み核燃料を再処理した際に生じる。日本は二〇一七年時点で約四十七トン、原子爆弾約六千発分に匹敵するとされる余剰プルトニウムを抱えていた。プルトニウムは核兵器にも転用可能とされるため、貯め込むことは国際的な批判を受ける。核不拡散の立場からどの国よりも日本の余剰プルトニウムを問題視していたのは米国だった。

そのため新指針は日本のプルトニウムの保有量について「現在の水準を超えない」ものとし、保有量も将来的に減少させることを強調、米側の憂慮に配慮した。

内閣府審議官の佐藤文一がこの新指針を一通り説明すると、ブルイエットは満足げに「日本

の取り組みを評価する」、「日本はよくやっている」と続けた。

米エネルギー省は新指針について会合の直後に大々的に対外宣伝した。「プルトニウムの保有量を現在の水準にキャップをかけ、そこから減らすという新しいガイドラインについて日本と協議した」、「米国と日本は核不拡散について同じ価値観を共有している。これが両国の核パートナーシップの土台となっている」。

一方で会合は非公開だったが、閣僚級の原子力委員長が出席していたにもかかわらず、日本側の公表資料には新指針についての言及はなかった。ブルイエットの新指針への「賛辞」の言葉はおろか、プルトニウムの新指針を米側に説明したことすら触れられなかった。原子力に詳しい内閣府幹部は「プルトニウムの新指針を話し合った部分を強調すれば、日本はすべて米国の言うままに改定したようにしか見えなくなる。日本はあくまで主権国家だから」と語った。原子力委員会の委員長、岡も指針改定について米国の意向によるものか問われると、「米国に言われてやることではない。主権国家だから米国の意向を受けて何かすることはあり得ない」と強調している。

それでも新指針が完成するまでの一連の政策過程は日本の原子力政策がいかに米国に依拠し、その配慮へ苦心しているかを浮き彫りにするものだった。

二〇一八年七月十七日。日本の核燃料サイクル政策の根拠となっている日米原子力協定が自動延長となった。その直前の七月三日、政府が閣議決定したエネルギー基本計画には「プルト

ニウムの保有量の削減に取り組む」との文言が明記された。五月にパブリックコメントのために公表された原案にはなく、基本計画を議論していた経済産業省の有識者会議「エネルギー情勢懇談会」でも言及はなかったものだ。関係省庁間の議論やさらに与党内での調整でも特に問題とされておらず、突然、挿入されたと言っていい。

米国は将来の電源のあり方を示すなど政策の要であったエネルギー基本計画の原案にプルトニウムの削減が盛り込まれていないことに懸念を持った。原案が明らかになった直後の六月上旬、駐日米大使館のエネルギー担当者が経産省に対して削減を明記するように求めたものの、原案に追加する動きは日本の側では見られなかった。大使館側は日本の官僚出身者などから情報を収集し、「米国との関係性は外務省の方がより重視している。外相も核燃料サイクルに詳しい。エネルギー基本計画は経産省の管轄だが、外務省に持ち込んだ方が早い」との結論に至った。

外務大臣の河野太郎は米国の分析の通り、外相就任前は自民党でも筆頭と言っていいほど日本の核燃料サイクル政策に批判的な論陣を張っていた。外相就任後は表立った批判は抑えていたが、かつて十九兆円とも試算された核燃料サイクルを続けるなら「どこかのウラン鉱山を買い取った方が安上がり」と豪語していた。

そもそもこの余剰プルトニウム問題を巡っては、既に駐日米大使ウィリアム・ハガティが五月末、河野と面談した際に日米原子力協定に言及し、余剰プルトニウム問題を提起、「日本の

再処理事業の行方に大きな関心がある」と懸念を伝えていた。このときまで経産省や外務省から米国が日本のプルトニウム管理に関して具体的な懸念を抱いていることは外務大臣の耳には入っていなかった。

米大使館はエネルギー基本計画にプルトニウムの削減を盛り込むべきという、ハガティの意見書を大使館のエネルギー担当者を通じて河野あてに持ち込んだ。大使から外相というハイレベルでの問題提起はこれが初めてであった。

そしてエネルギー基本計画の閣議決定に先立つ六月二十一日昼、河野は外務省内で自民党議員らと面会した際にこう強調した。「外務省としてプルトニウムの問題は言うべきことを言う。そうしないと日本のエネルギーの未来に問題が出てきかねない」。

さらに直後に、経済産業省資源エネルギー庁の長官、日下部聡を外務省の大臣室に呼び出してこう伝えた。「自動延長の場合は一方の通告で破棄できる。非常にフラジャイル(脆弱)になる。エネ基の表現をはっきり分かりやすくするべきだ」。

そして七月三日に閣議決定されたエネルギー基本計画には当初案にはなかったプルトニウム保有量削減の文言が加えられた。その理由について記者会見で問われると、説明した資源エネルギー庁の戦略企画室はこう述べた。「外務省からの強い要望があった」。

図1　政府が計画する再処理工場を通じた核燃料サイクル

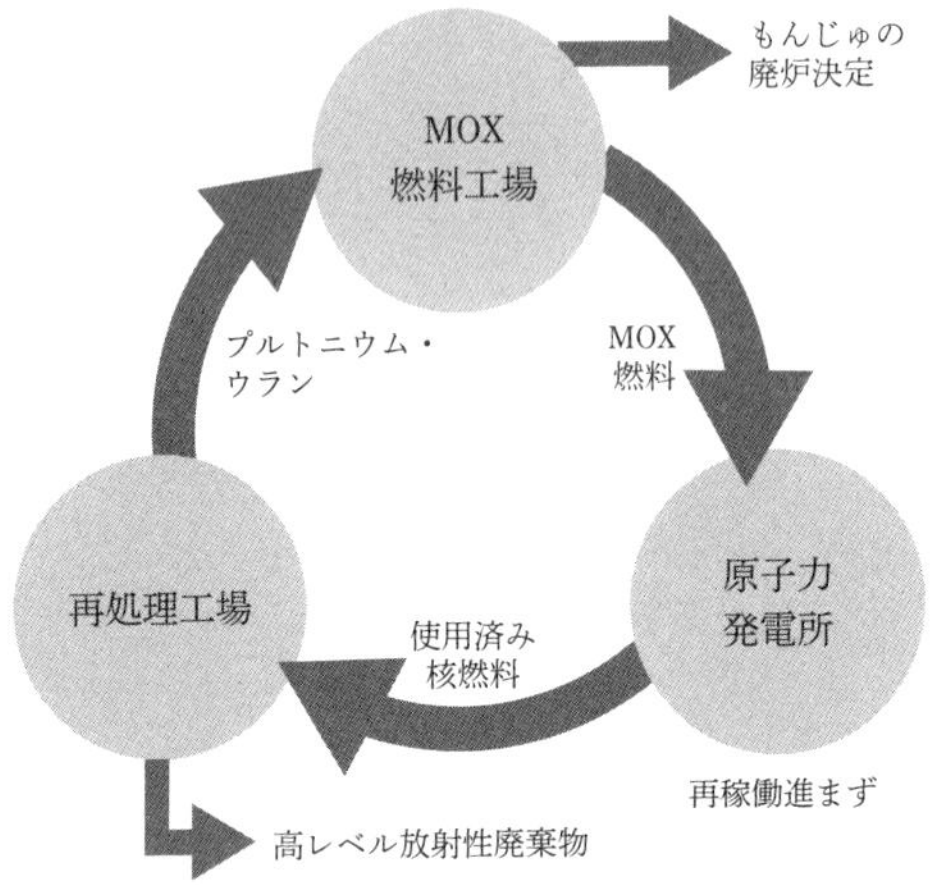

※六ヶ所村の再処理工場が稼働しないため
日本は英仏に事業を委託している

米国のお墨付き

米国がここまで日本の原子力政策に大きな影響力を持つ理由は何か。それは日本の原子力の歴史をひもとけばすぐに判明する。

　そもそも日本の核燃料サイクル政策は米国と結んだ原子力協定によって認められている。

　核燃料サイクル政策とは、使用済み核燃料からプルトニウムやウランを取り出して再処理し、再び原発の燃料として使用することが柱となっている（**図1**）。石油や天然ガスなど資源の乏しい日本が外国に頼らずにエネルギー自給率を高める切り札とし、一九五〇年代以来、「国是」としてその技術の確立に莫大な資金と人的資源を投じてきた。

プルトニウムは自然界には存在しない核分裂による人工の物質だ。核兵器にも転用可能との主張があり、核不拡散の観点からその製造には様々な制約が課される。米国は日本がプルトニウムを核兵器には使用せず、あくまで発電など平和的な利用に限ることを条件に原子力関連の燃料や技術を輸出することを認めている。この二国間の取り決めが日米原子力協定である。実際に協定の正式名称も「原子力の平和利用に関する」協定となっている。

現在は原発を製造し、外国に輸出するほどの技術を持った日本。だが一九五〇年代に原子力の導入を決めた際は燃料となるウランから原発関連機器まで、ほぼすべてを米国に頼っていた。日本の原子力産業の生みの親は米国と言っても過言ではないほどだ。

日本はそれらを米国から提供してもらうために一九五五年に現協定の原型となる日米原子力研究協定を結んだ。その後、一九六八年の旧協定では米国の同意がある場合にのみ使用済み核燃料の再処理が可能になった。先述の通り、石油などの天然資源の乏しい日本が使用済み燃料を再利用できれば純国産のエネルギーになりうるとしてサイクル政策を熱望したからだ。かつてはドイツやベルギーも実施していた再処理だが、非核保有国では日本のみが採用している。韓国やサウジアラビアも米国に日本と同様の再処理する権限を求めているが実現していない。

現協定は一九八八年に結び、三十年後にあたる二〇一八年七月が期限だった。互いに破棄や再交渉を提起しない場合は自動的に延長となる仕組みだった。二〇一八年、日本は米国が求めたプルトニウム削減に向けた新指針を策定し、エネルギー基本計画にも盛り込むなどの対応を

講じたため、延長となった。

内閣官房長官の菅義偉も新しい指針が発表された直後の会見でこう語った。

「政府としては核燃料サイクルを推進するにあたり、利用目的のないプルトニウムを持たないとの原則を引き続き堅持する」、「原子力委員会は「我が国におけるプルトニウム利用の基本的な考え方」を決定し了承した。政府として国際社会に対して今般の「プルトニウム利用の基本的な考え方」も含め、プルトニウムの利用に関し引き続き丁寧に説明していきたい」。

日本は国際原子力機関（ＩＡＥＡ）の「保障措置」と呼ばれる査察を毎年受けており、核兵器への転用の恐れがないことは国際的にも認知されている。

しかし日米間のプルトニウム問題は、日本が今後、原子力を拡大するにせよ、縮小するにせよ、避けて通れない根本の問題として原子力政策内に内在している。

本書の狙い

日本の原子力の歴史は長い。戦前の理化学研究所から始まり、一九五三年の米大統領アイゼンハワーによる「原子力の平和利用」演説で本格導入が決まった。

周知の通り、二〇一一年東京電力福島第一原発事故後、電力会社と経済産業省や文部科学省、原子力委員会が一丸となって進めてきた原発推進の旗幟は崩れた。事故当時、政権に就いていた民主党政権は原発事故が一定程度、収束すると国のエネルギー政策の見直しに乗り出した。

それは一九五〇年代に日本が原発技術の輸入を決定して以来、事実上、初めての原発拡大路線からの政策転換の試みであり、使用済み核燃料を再処理して再利用する核燃料サイクル政策も当然、見直しの対象となった。

民主党政権は政府与党内の議論や討論型世論調査などを経て、「二〇三〇年代原発ゼロ」を最終的に打ち出す。しかし使用済み核燃料関連の施設を一手に引き受けてきた青森県が根回しや十分な説明がないままの政策転換に猛反発した。

さらに日米原子力協定により日本に再処理を認めていた米国も原発ゼロ方針を打ち出すなら、核燃料サイクル政策を放棄すべきだと主張する。民主党政権は結局、六ヶ所村で再処理を続けるという方針は堅持することを決め、原発ゼロ政策は事実上の撤回に追い込まれた。民主党のゼロ政策は既に建設許可が出ていた大間原発や島根原発などの建設続行を認めたほか、ゼロにするならば当然、放棄すべきはずの核燃料サイクル政策を「堅持する」とした。高速増殖炉原型炉「もんじゅ」の廃炉も見送るなど、矛盾に満ちたものとなり、事実上原発を維持する政策に根本的には変わりはなかった。

一方で電力自由化には道筋をつけ電力会社の政策への影響力は大きくそがれていったことも事実だった。かつ再生可能エネルギーのＦＩＴ（固定価格買い取り制度）の導入で、二〇二〇年現在で原子力への依存度自体は下がった。

その後の自民党政権は原発ゼロを採用せず、改めて基幹電源と位置づけながらも原発への依

存度を低減すると掲げた。原発に関して維持強化路線に戻ったかに思われた政権交代だが、むしろ実態は民主党よりも縮原発に向かっていった。

かつての民主党政権が掲げた原発ゼロや核燃料サイクルの見直しを、自民党が撤回して原発拡大を目指しているという主張は実態とはあわない。民主党政権は原子力政策の矛盾を透明化することには成功したものの、急激に舵を切ろうとした結果、政策転換には失敗しているからだ。

一方で自民党の施策としては二〇一六年の「もんじゅ」の廃炉決定以降、二〇一七年の改定エネルギー基本計画でも原発の新増設は認めず、再生可能エネルギーを主要電源とするとしたほか、民主党政権では法改正にまで至らなかった、政府と電力会社の癒着の象徴とされていた原子力委員会の機能を大幅に縮小した。

そして第一章で詳しく検証するが、プルトニウム管理では米国の声に押されて、青森県の使用済み核燃料の再処理の量を国がコントロールする仕組みとした。電力会社にとって不利益となる政策も、確実に実行していった。

事故後、経済産業省原子力安全・保安院は分離され、代わりに電力会社の根回しができない原子力規制委員会も核燃料サイクルに係る政策決定に要所で影響力を行使するようになった。原子力規制委が強い政治的なアクターになっていることも証明する。

原子力政策の形成過程における電力会社の影響力低下も重要な点だ。これは民主党政権だけ

ではなく、自民党でも同じだ。また民主党、自民党政権に共通するのは事故前から大きな影響力があった青森県と米国の存在だ。

本書は、事故後の政策過程を土台としながら必要に応じ一九五〇年代の黎明期から歴史をさかのぼり、この国の原子力政策のあり方を検証する。本書では原発自体の是非は論じない。原子力政策の形成過程を検証し、政治とエネルギー、科学技術の関わりを探ることを目的とする。

第一章

日米原子力協定

2018年7月31日、原子力委員会はプルトニウムの削減を目指す新指針をまとめた

戦後日本と原子力の平和利用

日本が余剰プルトニウムを持たない方針を掲げた経緯、さらに原子力委員会がプルトニウム管理の平和利用をなぜ担うのか——。日本の原子力の歴史をたどり、ここで一度振り返りたい。「国民の相当数が、日本の原子力政策の推進を冷やかな目で見るということは悲しむべきことであり、絶対避けなければならない」。

一九五五年十二月、日米原子力協定の自動延長から六十年以上も前、当時青年議員だった中曽根康弘は衆院の委員会でこう力説した。

戦後を代表する政治家で首相にもなった中曽根は日本の原子力の生みの親の一人でもあった。二〇一九年十一月に死去した彼は原子力委員会を創設し、科学技術庁長官として日本の核燃料サイクルを強力に推進した。原子力委が日米原子力協定におけるプルトニウム管理などサイクル政策で無視できない影響力を持ったのは、中曽根が導入した平和利用の基本原則が右派や左派を問わず原子力委に遺産として根付いていたことが大きい。

原子力委は一九五六年に関連予算のとりまとめや省庁間の政策調整をする司令塔として設置された。後に詳述するが、法改正により権限が弱体化され、現在はほとんど注目されることの

なくなった同委だが、かつてはその策定する原子力長期計画や原子力政策大綱は「原子力の憲法」と呼ばれるほど、通商産業省（現経済産業省）や科学技術庁（現文部科学省）、そして大手電力会社に影響力を持った時期があった。

さらに中曽根らが議員立法で成立させた原子力基本法は「原子力利用は平和目的に限る」とし、原子力委はその「番人」とされた。

一九年二月、経団連会長の中西宏明（日立製作所会長）は「原子力発電所と原子力爆弾が頭の中で結びついている人に（原発は）「違う」ということは難しい」と述べ、後に「不適切だった」と訂正した。ただ五〇年代、中西の言葉は国民の間で一般的な認識だった。

原子力は第二次世界大戦の軍事技術から生まれた。米国やソ連などが核実験を繰り返し、核兵器としての記憶が強かった。唯一の被爆国で後遺症に苦しむ人も多かった日本では、軍事転用の禁止を担保することが原子力政策の推進において最重要課題であった。

首相の菅義偉と人事を巡り係争状態となった日本学術会議も五四年、戦争の教訓を踏まえ「原子力の研究と利用に関し公開、民主、自主の原則を要求する声明」を科学者の立場として出している。

原子力をエネルギーなどの平和利用に限定する中曽根らの措置はこうした声を受けたものだ。特筆すべきは当時の法律が「原子力委員会の決定に対しては内閣総理大臣はこれを尊重しなければならない」と定めたことだ。つまり原子力委が決める原子力政策は時の内閣からある程

度の独立性を保ち、首相も追認することが望ましいという規定である。恣意的に軍事などに原子力を転用できないように司令塔である原子力委に一定程度の独立性を付与した形だ。さらに原子力基本法などの関連法案は左派である社会党も含む与野党の賛成で可決された。

実際、中曽根は当時この規定を「我が国で異例な制度がとられた」と自らその特殊性を認めたうえでその目的についてさきほど引用した一九五五年十二月の国会でこう語っていた。

「超党派性をもってこの政策を運用して、政争の圏外に置くということである。全国民が協力するもとに、超党派的にこの政策を進めるということが、日本の場合は特に重要だ」。

原子力基本法が内閣提出ではなく、中曽根主導による超党派の議員立法である点も「権力を握っている政府がそういうものをやるよりも（良い）」と語っている。中曽根は自らも五九年に原子力委員長に就任して「平和利用」の重要性を繰り返し説いた。

二〇一三年に政府の有識者会議がまとめた報告書でも「行政委員会に準じる」組織だったと分析している。つまり、総理府の一機関というよりも公正取引委員会や人事院など内閣から半ば独立した存在に似た位置づけだったということである。

一九六〇年代に中国が核を保有するなど安保上の緊張が生まれ、日本でも核武装の是非を議論した時期があった。内閣調査室が外部に委託してまとめた六八年の「日本の核政策に関する基礎的研究」でも、その冒頭に日本は「原子力の研究、開発および利用は平和の目的に限る」とされ、制約として明記された。七〇年の外務省の想定問答では、原子力基本法は実質的に核

兵器禁止法の代替となるとも書かれ、核武装議論をけん制する役割を担い、平和利用の原則は戦後一貫して日本政府に受け継がれてきた。

だが二〇一一年の東京電力福島第一原発事故による強力なインパクトは、この長らく続いた方針について政府内に混乱を生むことになった。事故の後、原子力委員会の権限の大幅縮小など相次ぐ組織改正で中曽根の平和利用の原則はどの組織が担うのか曖昧になっていったからだ。

プルトニウム・バランスの責任組織

原子力規制委員会は霞が関官庁街から約二キロ離れた港区六本木の高台のオフィスビルにある。日米原子力協定の自動延長から遡ること約一年半前の二〇一六年十二月。その規制委の会議室で日本原燃の幹部と原子力規制委員らの会合が開かれていた。

日本原燃は青森県六ヶ所村にある使用済み核燃料の再処理工場を運営する。六ヶ所村の再処理施設は計画当初は一九九七年に完成する予定だったが、九〇年に最初の完成の延期を表明して以降、年中行事のように延期を繰り返してきた。当初は地元との安全協定締結の遅れなどが延期の理由だったが、その後は技術面での課題が大きかった。

しかし二〇一六年十二月、核燃料サイクル施設は紆余曲折を経ながらも規制委による審査の大詰めを迎えていた。

ここで新たな課題が生じることとなった。六ヶ所村の再処理施設が稼働することになれば再

処理によってプルトニウムを含むウラン・プルトニウム混合酸化物（ＭＯＸ）燃料が製造されることになる。再処理施設はフル稼働すれば毎年七トンのプルトニウムが製造可能な設計となっていた。

しかし既に一七年時点で余剰プルトニウムは約四十七トンに達し、序章で説明した通り、国際的にも問題視する声が出ていた。仮に再処理施設が審査に合格し、稼働が始まれば規制委は間接的に余剰プルトニウムの増産を許したとして核不拡散の観点から米国などの批判を浴びることになりかねなかった。規制委は第三条委員会という性質上、あくまでも政治的なことに関与しないのが建前だ。

規制委内で議論となったのは日本政府が公式に国際原子力機関（ＩＡＥＡ）などに標榜してきた「プルトニウムの平和利用」や「利用目的のないプルトニウムを持たない」という方針だ。この方針を実際の再処理事業に結びつけて量などを管理する「プルトニウム・バランス」を判断する組織が一体どこかという論点だった。

二〇一一年三月の東京電力福島第一原発事故後、経産省原子力安全・保安院の廃止、規制委（庁）の発足、原子力委員会の機能大幅縮小、認可法人使用済燃料再処理機構の新設など原子力政策に関わる国の体制が大幅に改変された（**図2**）。そのためこの平和利用の観点を判断するのがどこの組織なのかすぐには判別としない状況になっていた。

候補となるのはまず経済産業省、原子力委員会、原子力規制委員会であった。

図２　原発事故後の規制体制

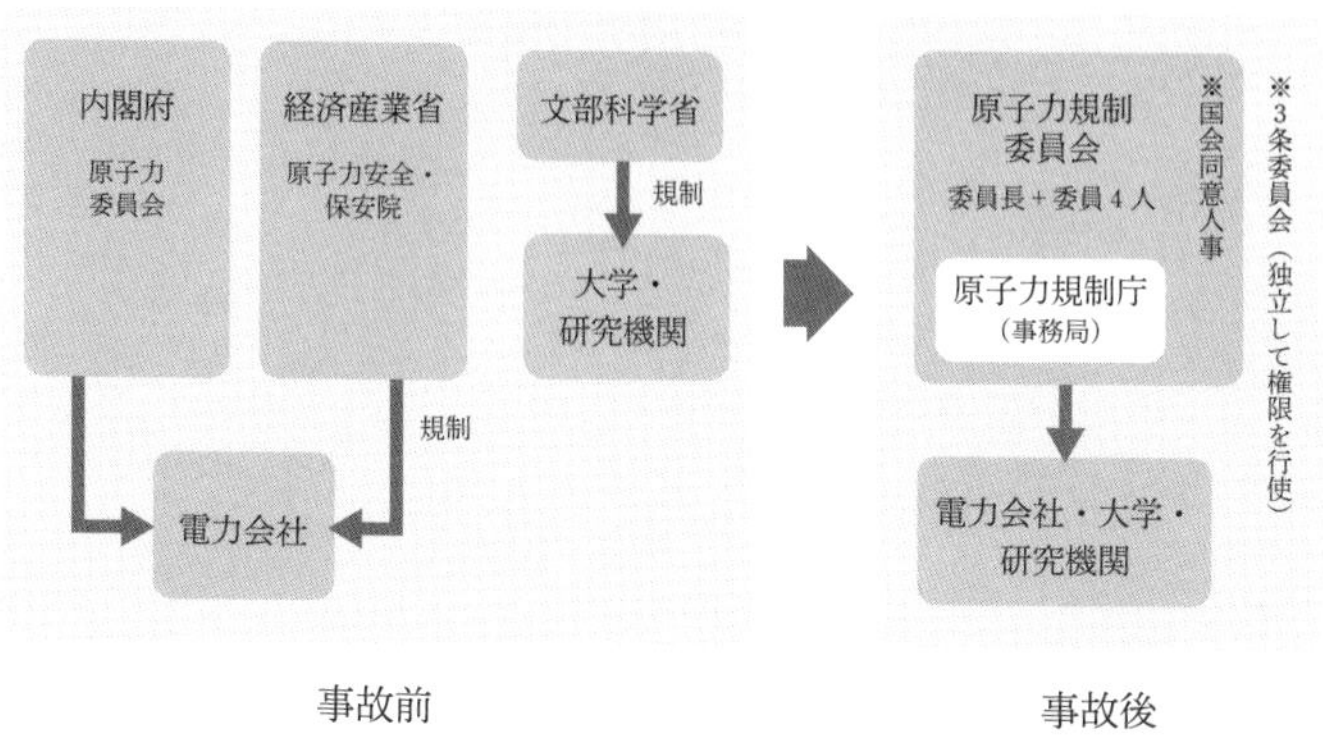

規制庁幹部は「中立機関である規制委は政治・外交案件である「平和利用」の観点に踏み込みにくいから早めに精査しようと思った」と当時を振り返る。さらに「審査が終わって（再処理施設の稼働）許可のタイミングにそれをあえて聞けば、外交上、手遅れになる可能性もあった」と明かす。

そして二〇一六年十二月、規制委は日本原燃社長の工藤健二ら幹部を招いて先述の会合を開いた。委員の一人である田中知は単刀直入に聞く。

「施設が稼働した場合には分離プルトニウムが蓄積していく。我が国は利用目的のないプルトニウムは保有しない原則を持っている。再処理の事業者として自らが分離するプルトニウムが利用目的のないプルトニウムか今後どう判断するのか」。

しかし工藤は質問をよく把握できてないように言う。「消費が進まなければちょっとあれだな、という状況のことですか……ご趣旨がごめんなさ

い」。

要領を得ない問答が続くと、委員の更田豊志が付け加えた。「どういう状態のプルトニウムがどれだけ貯まると「過剰」ということになるのか。それは自社で判断するのか、あるいはどこかの判断を仰ぐのか……」。

そこで原燃の執行役員は「ＭＯＸ工場の在庫としてはどのぐらいが適切かという議論がありまして在庫としては六十トンです」と答える。

規制委に提出された申請書によると、ウランとプルトニウムの混合物（重量混合比一対一）の貯蔵容量は約六十トンとなっていた。

そもそも六ヶ所村の再処理施設は日本の原発が急拡大している際に原発大国のフランスの再処理事業をモデルにしたため、原発事故後の日本の原発稼働状況からは過剰に見える容量の設計となっていた。具体的には日本国内で四十基程度がフル稼働している前提で使用済み核燃料を再処理するという当時の国も民間も合意して作成した建設計画だった。

ようやく質問の趣旨を理解した工藤は困ったように言った。「（判断する）御当局というのはどこか、私どもだけでは判断がなかなか難しい」。

やりとりで明らかになったのは、プルトニウムの増減について、やはりどの組織がその量の適性さを判断するのか分からなくなっていたことだ。

規制庁内の案

規制庁幹部によると会合後、規制委内部の議論ではプルトニウム・バランスは規制委が六ヶ所村再処理工場の在庫を数量制限することでコントロールできるという案も出た。全国で稼働している原発の現状を精査し、消費見通しなどから再処理量を認可して在庫量を増やさないようにするというのである。しかしその案も、「安全審査とは性質が異なるので規制委の所管とは違う」という結論に至る。つまり規制委は安全審査上の合格は出すが、その後、稼働して生まれたプルトニウムのあり方については管轄外だという結論になった。

日本原燃との会合後、原子力規制庁の職員らは経済産業省や原子力委員会などに問い合わせを続けた。経産省の原子力政策課は「平和利用うんぬんは原子力委員会が判断するのではないか」と回答する。日本原燃の再処理施設については二〇一六年から青森県内に経産省が新法人を設立していた。法人設立の際の法律には、国会による付帯決議により再処理事業を実施するにあたり経産大臣は「原子力委員会の意見を最大限斟酌する」という文言が盛り込まれている、というのが経産省の主張だった。

規制委側は経産省の意見を受けて、プルトニウム管理の所管は原子力委にあると確認する。後に問題とならないように、ある意味で念を押すため一七年四月には原子力委と規制委は互いの委員長名で文書を取り交わした。こうしてようやくプルトニウム管理の責任の所在は政府内で定まった。

平仄を合わせるようにその翌年の二〇一八年七月は六ヶ所村の再処理事業の根拠となっている日米原子力協定が期限を迎えるときでもあった。

規制委の幹部は「原子力業界の人なら誰でもプルトニウムが海外から懸念を持たれていて再処理工場が稼働することになったら、原子力協定の議論などで懸念が強まることは直接言われなくても理解している」と解説する。

これは日米原子力協定の自動延長やプルトニウムの基本方針改訂における政策過程でも重要な意味をなしていく。いずれにせよ規制委とのお墨付きの交換により政府内でも原子力委員会がプルトニウム・バランスを担うことが認知されることになった。

原子力委はプルトニウム平和利用を理由に、実際に規制委の審査に待ったをかけたこともある。最大出力二百ワットの研究炉「ＳＴＡＣＹ」（茨城県東海村）は一七年十一月に原子力規制委員会の安全審査を終えて合格寸前までこぎ着けていた。

しかし日本原子力研究開発機構が研究炉で当初使用するはずだったプルトニウムを含む燃料は不要になった。このため燃料を貯蔵することになるが、規制委の審査書案にはその利用目的を記載していなかった。原子力委は「記載がないと、利用目的がないと誤解される恐れがある」と注文をつけた。

原子力機構は貯蔵することにした燃料について「高速炉開発で使用する」、「平和利用以外には使用しない」、「（処分も含め）あらゆる選択肢を検討する」との文言を審査書類に加えること

でようやく原子力委の了解を得た。

当時の原子力委の担当者は「国際社会で誤解を生まないためにも審査段階でプルトニウムの目的を明記するのは重要なことだ」と解説した。

原子力委の消極性と権限の空白

「唯一の被爆国である日本は原子力の平和利用を推進し、プルトニウムの適切な管理を徹底する」。

二〇一四年三月二十四日、オランダのハーグで「核セキュリティ・サミット」と呼ばれる核軍縮に向けた世界の首脳級会合が開かれた。首相の安倍晋三は米国大統領のオバマら約三十カ国の首脳を前にこう力強く演説した。提唱したのはオバマだった。オバマは核軍縮に熱心とされていた。会合では軍事用、民生用を問わずプルトニウムなどの核物質を減らす狙いがあった。

既にこのとき日本の余剰プルトニウムは国際社会で問題になりつつあった。そのため日本政府が同サミットに提出した報告書にこう明記して懸念の払拭に努めた。

「(電力会社などが)プルトニウムの利用計画を公表してその妥当性を原子力委が確認している」。

また安倍は一六年四月に米国を訪れた際にも、プルトニウム管理を含む原子力の平和利用について念を押すように「完全な透明性の確保が必要だ」と強調までしていた。

しかしこの力強い対外メッセージとは相反する文書を原子力委員会は一六年三月に「見解」として公表している。そこには「プルトニウムを保有し、その利用について責任を有する電気事業者においては国内外の理解と信頼を得られるよう、これまでにも増してできる限り具体的な情報の時宜を得た発信・説明に努力することを期待したい」と最初に書き出しながらも「現時点ではプルトニウム利用計画を改定・公表できる状況にないとの（電力会社による）説明はやむを得ないと考える」と結論づけた。プルトニウム利用計画の透明性にふたをした形だ。

日本で原発を持つ電力会社は、プルトニウムにウランを混ぜたウラン・プルトニウム混合酸化物（MOX）を「プルサーマル」に対応した原発で消費する計画を持つ。大手電力会社でつくる電気事業連合会は当初、一五年度までに十六〜十八基の原発でプルサーマルを実施する方針で毎年、利用計画を国に提出していた（**図3**）。

一一年の東京電力福島第一原発事故後、国内のほとんどの原発が停止。プルサーマルに対応した原発の再稼働も当時の一六年時点で数基にすぎず、当然ながら計画は達成困難な状況となっていた。

そのため原子力委は消費のめどの公表は難しいとする電力会社の主張を追認したのだ。核セキュリティ・サミットで示した各国首脳への約束からは明らかに後退していた。

さらに事故前までは電力会社は年間のプルトニウムの消費計画について毎年策定し、原子力委員会に提出していた。数基が稼働していたにもかかわらず、新たな計画は策定されないまま

図3　プルトニウム利用計画（電気事業連合会、2010年）

所有者	再処理量*1	所有量*2			利用目的（軽水炉燃料として利用）*3		
	22年度再処理予定使用済燃料重量（トンU）*4	21年度末保有プルトニウム量（kgPuf）*5	22年度回収予想プルトニウム量（kgPuf）*5	22年度末保有予想プルトニウム量*6（kgPuf）*5	利用場所	年間利用目安量*7（トンPuf/年）*5	利用開始時期*8及び利用に要する期間の目途*9
北海道電力	−	72	−	72	泊発電所3号機	0.2	平成27年度以降約0.4年相当
東北電力	−	78	−	78	女川原子力発電所3号機	0.2	平成27年度以降約0.4年相当
東京電力	−	748	−	748	立地地域の皆さまからの信頼回復に努めることを基本に、福島第一原子力発電所3号機を含む東京電力の原子力発電所の3〜4基	0.9〜1.6	平成27年度以降約0.5〜0.8年相当
中部電力	−	182	−	182	浜岡原子力発電所4号機	0.4	平成27年度以降約0.5年相当
北陸電力	−	9	−	9	志賀原子力発電所1号機	0.1	平成27年度以降約0.1年相当
関西電力	−	556	−	556	高浜発電所3、4号機、大飯発電所1〜2基	1.1〜1.4	平成27年度以降約0.4〜0.5年相当
中国電力	−	84	−	84	島根原子力発電所2号機	0.2	平成27年度以降約0.4年相当
四国電力	−	133	−	133	伊方発電所3号機	0.4	平成27年度以降約0.3年相当
九州電力	−	315	−	315	玄海原子力発電所3号機	0.4	平成27年度以降約0.8年相当
日本原子力発電	−	140	−	140	敦賀発電所2号機、東海第二発電所	0.5	平成27年度以降約0.3年相当
小計	−	2,317	−	2,317		4.4〜5.4	
電源開発		他電力より必要量を譲受*10			大間原子力発電所	1.1	
合計	−	2,317	−	2,317		5.5〜6.5	

今後、プルサーマル計画の進展、MOX燃料加工工場が操業を始める段階など進捗に従って順次より詳細なものとしていく。

＊1　「再処理量」は日本原燃が平成22年9月10日に公表した「再処理施設の工事計画に係わる変更の届出について」における平成22年度の使用済燃料の予定再処理数量による。

＊2　「所有量」には平成21年度末までの保有プルトニウム量（各電気事業者に未引渡しのプルトニウムを含む）、平成22年度の六ヶ所再処理により回収される予想プルトニウム量およびその合計値である平成22年度末までの保有予想プルトニウム量を記載している。なお、回収されたプルトニウムは、各電気事業者が六ヶ所再処理工場に搬入した使用済燃料に含まれる核分裂性プルトニウムの量に応じて、各電気事業者に割り当てられることとなっている。このため、各年度において自社分の使用済燃料の再処理を行わない各電気事業者にもプルトニウムが割り当てられるが、最終的には各電気事業者が再処理を委託した使用済燃料中に含まれる核分裂性プルトニウムに対応した量のプルトニウムが割り当てられることになる。

＊3　軽水炉燃料として利用の他、研究開発用に日本原子力研究開発機構にプルトニウムを譲渡する。各電気事業者の具体的な譲渡量は、今後決定した後に公表する。

＊4　小数点第1位を四捨五入の関係で、合計が合わない場合がある。

＊5　プルトニウム量はプルトニウム中に含まれる核分裂性プルトニウム（Puf）量を記載。（所有量は小数点第1位を四捨五入の関係で、合計が合わない場合がある）

＊6　「22年度末保有予想プルトニウム量」は、「21年度末保有プルトニウム量」に「22年度回収予想プルトニウム量」を加えたものであるが、小数点第1位を四捨五入の関係で、足し算が合わない場合がある。

＊7　「年間利用目安量」は、各電気事業者の計画しているプルサーマルにおいて、利用場所に装荷するMOX燃料に含まれるプルトニウムの1年当りに換算した量を記載しており、これには海外で回収されたプルトニウムの利用量が含まれることもある。

＊8　「利用開始時期」は、再処理工場に隣接して建設される予定の六ヶ所MOX燃料加工工場の操業開始時期である平成27年度以降としている。それまでの間はプルトニウムは六ヶ所再処理工場でウラン・プルトニウム混合酸化物の形態で保管管理される。

＊9　「利用に要する期間の目途」は、「22年度末保有予想プルトニウム量」を「年間利用目安量」で除した年数を示した。（電源開発や日本原子力研究開発機構への譲渡が見込まれること、「年間利用目安量」には海外回収プルトニウム利用分が含まれる場合もあること等により、必ずしも実際の利用期間とは一致しない）

＊10　各電気事業者の具体的な譲渡量は、今後決定した後に公表する。

であった。その意味で政府の対応はセキュリティ・サミットで示した「妥当性を原子力委が確認している」という文言と明らかに矛盾していた。

それは先に示唆したように自民党政権による原子力委の法改正、抜本改革で権限の「空白」が生まれていたことが要因となっていた。

当時原子力委に在籍した課長級の官僚は「われわれは具体的にプルトニウムの政策は何もしていなかった」と認める。その理由について「法改正で新体制となり経産省や規制委員会との権限関係上、どこまで踏み込んでよいか分からなかった」と証言した。

原子力委の解体

この官僚が指摘する法改正とは、同サミットが開かれた二〇一四年の十二月に施行された、原子力委の機能を大幅に縮小する改正原子力委員会設置法のことを指す。

安倍政権は同法で原子力委の機能を法改正により削った（**図4**）。具体的には原子力関連予算をとりまとめるなどの権限は廃止。経産省や文部科学省、電力会社に影響力を持っていた原子力政策大綱も策定しないこととなった。これは原発事故後、電力会社から出向者を受け入れていたなどの「癒着」が批判されたための措置だった。

原発事故前は特に問題視されることはなかったものの、民主党政権時代に法改正の契機となった「秘密会議」事件が起こった。核燃料サイクル政策の見直し過程において多数の電力会

図4　原子力委員会の権限縮小

関連省庁の原子力関係予算をとりまとめる機能	廃止
原子力政策の基本となる「原子力政策大綱」の策定	廃止
電力会社や原子力メーカーからの出向者の受け入れ	廃止
原子力委員の定員	5人から3人に削減（委員長含む）
核燃料サイクル政策の推進的立場	中立的な立場で意見

社などの利害関係者が関わっていたと指摘された疑惑だったが、第二章で検証する。

組織改正の結果、プルトニウム管理について権限の「空白」が生まれた。

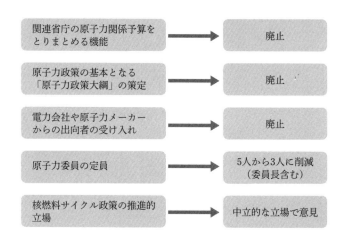

原子力規制委員会から付与された「お墨付き」はその空白を埋める重要な役割を果たした。原子力規制委が主導して余剰プルトニウム判断を原子力委員会に委ねたことを「経産省や規制委とのやりとりで権利関係を再確認できたことは大きかった」とさきほどの官僚は振り返る。

推進側からの脱却

この抜本改革は原子力政策にもう一つの作用を生んだ。原子力委は、原発事故の教訓を受けて発足以来位置づけられて

いた核燃料サイクル政策の「推進機関」ではなくなったのだ。

一三年に官房長官の菅義偉が設置した原子力委の見直しを議論する有識者会議の報告書には「今後は原子力利用の推進を担うのではない」と明記された。

委員長の岡芳明も新原子力委の発足にあたり「中立的な情報をもとに公正・透明な運営をもって国民の信頼を回復したい」、「原子力委員会は権限がなくなったと考える方がいるかもしれないが、それは誤りである。以前と比べてしがらみのない状態で原子力政策を検討できる」と強調していた。

法改正で原子力委員会はこれまでの電力会社の意向に沿う政策を実施する必要もなくなった。

「基本的考え方」を巡る攻防

経済産業省や原子力規制委員会からプルトニウム・バランスを判断する組織として改めて認定された原子力委員会は委員、そして事務方らが協議を重ねた。まず二〇〇三年に同委が策定していた「利用目的のないプルトニウムは持たない」という方針を改めて原子力委員会の文書に明記することにした。

方針は既に策定から十四年が経過し、文書としての認知度はかなり低くなっていた。

原子力委はちょうど一六年末から一七年春にかけて二つの文書を並行して作成する作業に入っていた。

一つは「原子力利用に関する基本的考え方」と題する報告書だ。これは事故後の原子力への信頼回復に向けた提言、そして事故処理や処分場問題など原子力を巡る課題を整理した報告書で、東京電力の原子力技術部門のトップだった取締役の姉川尚史や核燃料サイクルへの厳しい姿勢で知られる前原子力委員長代理の鈴木達治郎など多方面から識者を呼び、ヒアリングを実施していた。

例えば、「基本的考え方」は「原子力関連機関」に内在する問題として、「多数意見に合わせるよう暗黙のうちに強制される同調圧力、現状維持志向が強い」と中央省庁や電力会社の意思決定のあり方にまで踏み込み、盲目的に原子力を推進していたかつての原子力委の姿からの変身ぶりを印象づけていた（もう一つは原子力委自らが原発事故を防げなかった反省を盛り込んだ七年ぶりとなる平成三十年版の「原子力白書」だった）。

我が国における原子力利用の閉塞を以前からもたらした、原子力関連機関に内在する本質的な課題を解決することが不可欠である。

安全文化に国民性が影響を及ぼすという指摘があるように、国民性は価値観や社会構造に組み込まれており、個人の仕事の仕方や組織の活動にも影響を及ぼす。我が国では、特有のマインドセットやグループシンク（集団思考や集団浅慮）、多数意見に合わせるよう暗黙のうちに強制される同調圧力、現状維持志向が強いことが課題の一つとして考えられる。

我が国では、使用済燃料を再処理し、回収されるプルトニウムを有効利用する核燃料サイクル事業が原子力関係事業者によって行われている。プルトニウムの有効利用等に当たっては、平和利用を大前提に、核不拡散に貢献し国際的な理解を得ながら進めるため、利用目的のないプルトニウムは持たないという原則を引き続き堅持する。

基本的考え方の骨子

原子力利用の基本目標について

・責任ある体制のもと徹底したリスク管理を行った上での適切な原子力利用は必要である。

・原子力技術が環境や国民生活及び経済にもたらす便益とコストについて十分に意識して進めることが大切である。

(1) 東電福島原発事故の反省と教訓を真摯に学ぶ

(2) 地球温暖化問題や国民生活・経済への影響を踏まえた原子力エネルギー利用を目指す

(3) 国際潮流を踏まえた国内外での取組を進める

(4) 原子力の平和利用の確保と国際協力を進める

(5) 原子力利用の大前提となる国民からの信頼回復を目指す

（6）廃止措置及び放射性廃棄物の対応を着実に進める
（7）放射線・放射性同位元素の利用により生活の質を一層向上する
（8）原子力利用のための基盤強化を進める

原子力委はまず、この「基本的考え方」の報告書に〇三年当時の方針を改めて盛り込んだうえで閣議決定し、あいまいとなっていたプルトニウムの平和利用を新たに原子力委が主導する政府方針として打ち出そうとした。

経産省の反対

しかし「基本的考え方」の原案が完成した一七年一月頃、事務方レベルの調整で経産省が閣議決定の方針に異議をとなえた。

経産省側の主張はこうだった。省庁や電力会社などの組織体制の問題について、社会科学的な分析にまで踏み込んだその内容は、閣議決定する性質のものではないこと。さらに、一四年の法改正により原子力委は原子力政策大綱を策定しないこととなった。そのため経産省がつくるエネルギー基本計画が政府による原子力政策の基本方針となる。「基本的考え方」には日本の原子力政策の方向性についての政策提言も盛り込まれているが、もはや原子力委員会にその権限はない、との指摘だった。

かつて「原子力の憲法」とも呼ばれた原子力委員会の原子力長期計画や原子力政策大綱は閣議決定することが先例だった。

委員長の岡らは「基本的考え方」も閣議決定して政府内で拘束力を持たせたかった一方、経産省は閣議決定ではなく、あくまで原子力委決定にとどめるよう主張したのだ。経産省はプルトニウムの管理を国際的に示すことの重要性は認識していたものの、経産省による原子力政策の主導権にくぎを刺すような動きには反対だった。

「基本的考え方」は山本一太が科学技術相だったときに策定が決まっていたが、原子力学会会長や米国の原子力学会理事も歴任し自身も「権威ある」原子力学者だった岡自身も、信頼回復のためには経産省のような事業官庁だけでなく、政府内で中立的に意見する組織が必要と考えていた。

何よりも既にこのとき国際社会で日本の余剰プルトニウムが問題になりつつあり、「利用目的のないプルトニウムは持たない」という方針について原子力委員会の文書に盛り込み、閣議決定することは意義があると考えていた。元外交官で国連の軍縮担当事務次長も務めた原子力委員の阿部信泰は核不拡散問題に精通しており、岡を強く後押ししていた。

事務方が閣議決定の方向で官邸や関係省庁に根回しをしたものの、交渉から二〜三カ月を経てもやはり経産省側は閣議決定に強く反対したままだった。

岡は四月、原子力委員会を所管していた内閣府の科学技術相、鶴保庸介の大臣室に赴いて直

談判した。

閣議決定の重要性を強調すると鶴保は大臣室から官邸にいる官房長官の菅義偉に直接電話をしてこう告げた。

「お話ししたい案件がありますが、官邸ですと他省庁の秘書官もいますので、議員会館でご説明します」。

数日後、岡と鶴保は、菅の議員会館の部屋に赴いた。岡は訴えた。

「エネ庁だけではなく、国の内部機関である原子力委員会が俯瞰的に独自な視点から本質的な意見を述べることは、政権にとってもプラスになる。「基本的考え方」は二年間検討したものだ。原子力はオープンでやるべきです。情報を閉ざしたら原発の信頼をさらに失う。政権・与党の原子力政策にも影響するでしょう」。

菅は「基本的考え方」の原案に朱字でアンダーラインを引きながら岡の言葉に聞き入り、静かに答えた。

「おっしゃることはよく分かりました。閣議決定しましょう」。

「基本的考え方」は自民党や公明党のエネルギー関係の重鎮からも了承を得た。

七月二十一日午前十時、首相官邸で開かれた閣議。鶴保が首相の安倍晋三らの前で閣議決定の意義についてこう説明した。

「原子力委員会は関係組織からの中立性を確保しつつ、府省庁を超えた原子力政策の方針を

示すため、今後の原子力利用全体の長期的方向性を示す「原子力利用に関する基本的考え方」をとりまとめた」。

当時原子力委員会にいた官僚は解説する。「閣議決定によって「基本的考え方」は法改正前の原子力政策大綱と似たような「格」を持つことを目指した」。

原子力委員会が原子力政策に再び関与するにあたり政権の実力者である菅長官がオーソライズしたことは、省庁関係の権限バランスにおいて大きな意味があった。

経産省、外務省の幹部にもこれは共有され、今後両省は原子力委の意向を一定程度尊重する流れになった。その後の原子力委員会による日米原子力協定の延長交渉でもその流れは継続された。

「基本的考え方」を英訳

重要だったのはこの「基本的考え方」がすぐに英訳されたことだ。閣議決定すぐ後の一七年九月に開かれた国際原子力機関（ＩＡＥＡ）の総会でも原子力委員会は米国など各国に配布した。英訳は Basic Policy for Nuclear Energy とし、日本語の「考え方」よりも強い、かつての原子力大綱のような語感を打ち出した。

出席した科学技術相、松山政司も総会の一般演説で「本年、日本は原子力利用の長期的方向性を示す「基本的考え方」を策定し、白書も再開しました」と強調した。

当時の原子力委に在籍した先の官僚は「英訳があるのは九七年のもので、〇三年は英訳すらなかった。プルトニウムを巡る国内事情が変わったのに十三年間ほったらかしにしていたのはまずい。Basic Policy は何よりも原子力協定延長の可否を握る、米国への必死のアピールだった」と振り返る。

山本一太のリーダーシップ

「基本的考え方」策定は既に一四年当時に原子力委員会担当だった科学技術相、山本一太時代に始まっていた。原子力規制委員会の制度設計にも関わった山本は自民党の中でも原発事故への反省とエネルギーの信頼回復を重視していた。

山本は、原子力政策が経産省の独占とならないように、客観的かつ第三者的な役割を原子力委員会に担わせようとした。原子力委の権限縮小と「基本的考え方」の策定はセットのものであった。

山本は一四年六月十九日、参院の内閣委員会で「基本的考え方」および原子力委の法改正についてこう報告していた。

> 経済産業大臣が原案を作成するエネルギー基本計画とは別に、具体的な施策の実施に責任を持つ省庁とは異なる立場の原子力委員会が「基本的考え方」を打ち出す意味はしっか

り頭に置いておかなければいけない。なお、原子力委員会の企画、審議、決定のプロセスについては、中立性等を確保するために定めたルールにしっかりとのっとって、その内容等についても疑義が生じないように尽力する。

従属関係の萌芽

なぜ米国の要望に沿うように政府は動かなければならないのか。再び原子力黎明期に立ち返り、歴史を振り返りたい。

戦前、日本では理化学研究所を中心に軍事目的で原子力の研究が細々と続けられたが、原爆などの核兵器の実用化には程遠いレベルで終戦を迎えた。敗戦後、進駐したGHQ（連合国軍総司令部）は原子力に関する一切の研究を禁止した。

しかし一九五三年にアイゼンハワー米大統領が国連で「原子力の平和利用」を推進する方針を表明。日本が原子力を導入する道が突然、開かれた。戦争の要因にまでなったエネルギー自給率向上のため日本はこの米国の方針に飛びついた。

現在は原発を製造し、外国に輸出する技術を持つ日本。原子力の導入を決めた五〇年代は燃料となるウランから原発関連機器まで、ほぼすべてを米国に頼っていた。日本はこれらの提供を受けるために五五年に現在の日米原子力協定の原型となる研究協定を結んだ。これは先述した通りである。

日本の原子力は米国との協定・協力関係の構築が先にあり、国内法や研究体制の整備はそれを受ける形で後から進められた。

実際、五五年十二月の衆院外務委員会で重光葵外相はこう強調している。「速やかに国内の原子力の体制を固めなければならない。そのためにも（米国との）原子力協定が何よりもその原動力になる」。

これに対して、外相に質問した社会党議員が「協定を結ぶなら国内体制を確立することが先決だ」と指摘するほど、当時の日本政府は米国との交渉を優先していた。

その後の一連の協定では技術供与と引き換えに使用済み核燃料や資材の返還義務など、様々な制約が日本に課せられた。

米国の意向に基づかなければならない日本の原子力の体制は一八年七月の日米原子力協定の延長交渉でも顕在化する。

当時の国会でも日本の原子力を米国に従属させるものとして懸念する声がでている。例えば一九五六年五月の衆院科学技術委員会で中曽根とともに米国視察に行った四人の一人で、東京帝大の教授も務めた志村茂治社会党議員は「日本がいろいろと協定を結ぶことによって科学技術が他国に従属することは避けなければいけない」と指摘したものの、当時原子力委員長だった正力松太郎科学技術庁長官は「何もかも自主自主でやると研究は遅れる。外国のいいところは取るということで進める」と一蹴している。

その後、一九六八年の旧協定では米国の同意がある場合にのみ使用済み核燃料の再処理が可能になり、八八年に結んだ現協定で平和目的であれば自由に再処理ができることになった。石油などの天然資源の乏しい日本が使用済み燃料を再利用できれば純国産のエネルギーになりうるとして核燃料サイクルは日本の小資源を解決する「夢」として日米原子力協定は宣伝された。しかしその後、プルトニウムを消費するはずだった高速増殖炉原型炉「もんじゅ」はトラブル続きで技術確立ができずに廃炉が決まった。原発でプルトニウムを再利用するプルサーマルも進んでいない。

八八年に結ばれた現協定の交渉に携わった元文部科学省事務次官の坂田東一は「当初はプルトニウムがこれほど貯まるとはだれ一人として予想していなかった」と話す。そして「日本が保有する四十七トンが「余剰」かどうかは政府や電力会社が判断することだが、一般論としてプルトニウムが蓄積するのは望ましくない」と語った。

日米原子力協定はあくまで平和利用に限ってプルトニウムの抽出を認めている以上、消費のめどが立たないプルトニウムが日本で積み上がっている現状では米国が日本に注文をつけてくるのは自然の流れでもある。

国際批判

日本が原子力を導入するきっかけとなったアイゼンハワーの「原子力の平和利用」演説から

1953年、国連総会で行われた演説で「原子力の平和利用」を提唱するドワイト・アイゼンハワー米大統領（時事）

約七十年後の二〇一七年十月四日、同じ国連の場で今度は同氏の呼びかけで原子力を導入した日本が批判を浴びていた。

「大量のプルトニウムや高濃度ウランを保有する日本こそ、核兵器の技術をいつでも入手できる」。

軍縮や安全保障を議論する国連総会第一委員会の会合で、核兵器開発の疑惑について各国から追及されていた北朝鮮の軍縮大使がその矛先を日本に向けた。日本の軍縮大使、高見沢将林は当時、日本海を飛び越え太平洋に着弾していた北朝鮮の弾道ミサイルについて「国際社会への挑戦だ」と強く非難していた。その矢先の出来事だった。

中国も二〇一六年に同じ第一委員会で日本の余剰プルトニウムの存在をたびたび指摘していた。軍縮大使の傅聡らは、北朝鮮への批判を続

ける日本自体が、核武装の懸念があると批判した。こうした指摘は繰り返し日本に対してなされ、米国内の核不拡散派の一部議員ですら同調する声もあった。

これに対して官房長官の菅は「すべての核物質は国際原子力機関（ＩＡＥＡ）の下で平和活動にあるとの結論を得ている。中国の主張は全く当たらない」、「日本は国際的な指針よりも詳細な情報を公表するなど核物質の透明性を適切に確保している」と反論していた。

日本の余剰プルトニウムや再処理事業は安全保障上の懸念となる北朝鮮や中国だけでなく、より広範な国々の関心となっている。

隣国の韓国は米韓原子力協定を一五年に改定した。五年にわたる交渉で韓国は使用済み核燃料を再処理する権利を認めるよう米国に再三、要望した。その際の主張は「日本と同様の権限を認めてもらいたい」というものだった。

北朝鮮の核開発問題を抱える中で韓国に再処理を認めれば北朝鮮や中国の反発を招きかねない。結局、日本のように事前同意なしで自由に再処理する権限は見送られたが、再処理の研究に対する規制は一部緩和された。またサウジアラビアも米国から原発輸出を打診された際に韓国と同じ主張をしている。

このように日本の余剰プルトニウムは米国の原子力外交の足かせになりつつあった。実際、日本は軍事用のプルトニウムは持たないものの、非軍事用の保有量は英国、ロシア、フランス、米国に次ぐ第五位だ。量だけで見れば、核保有国と同等の水準に達していたのだ。

外国の反核団体だけでなく、日本の脱原発派の団体も米国に赴いて不拡散派の議員と面会するなどのロビー活動を行っていた。特にオバマ政権時代に国務次官補を務めたカントリーマンはたびたび日本のメディアに登場し、余剰プルトニウムについて「地域の不拡散を揺るがす」として批判していた。一八年七月の日米原子力協定延長を控え、経産省や外務省などを通じて日本もこうした懸念を察知していた。

それでも日本の市民団体による余剰プルトニウムの問題を指摘する意見は、日米の政界で広がりを欠いた。そもそも米国では原子力の重要性と核燃料サイクルによる核不拡散の問題は切り分けて考えられていた。米国は核不拡散問題や先ほどみた韓国やサウジアラビア、イランとの原子力外交上、余剰プルトニウムに懸念を示しているのであり、日本の原発維持政策自体は支持していた。後に見るが、民主党政権時代に米国を訪れた政権幹部らが脱原発政策の撤回を求められたこともあった。

そのため純粋な脱原発と一体になった主張は米議会内では浸透しなかった。日本でも対立軸が明確にならないため、野党も国会論戦で積極的に採用することはほとんどなかった。プルトニウム問題は保守を巻き込んだ争点化が必要だったと言える。

経団連名誉会長の今井敬は一六年一月六日、原子力関連の企業が集まった東京都内のホテルの年頭会合でこう警鐘を鳴らしていた。「現在、国外での保管分も含め日本に四十八トンのプルトニウムが存在する。世界から色々な目で見られている。平和利用のために早く使用すると

いうことをはっきりさせなければならない」。

さらに「二〇一八年には、アメリカとの原子力協定が三十年ぶりに改定されることになっている。このプルトニウムの処理について数字の上でもきちんと辻褄が合わないとなかなか難しい問題となる。真剣に検討して、しっかりとした基本方針を政府に出していただきたい」と電力会社などにも対応を促していた。

切り札だった再処理機構新設

いずれにせよ、こうした国際情勢を受け米国との原子力協定延長に向けた協議を円滑にするためにも経済産業省は対応を検討していた。経産省はまず、再処理事業そのものを半ば国営化する方策に乗り出す。二〇一六年十月に認可法人使用済燃料再処理機構を設立し、プルトニウムが民間の判断で増産されないように日本原燃の再処理事業を経産相の認可制としたのだ（図5）。

再処理機構を設置する際の法案には民進党など共産党を除く野党も含めて賛成した。その際に付帯決議として、経産相は再処理の認可にあたって原子力委員会から意見を聞き、十分に「斟酌」することとし、国の関与を二重にした。法律が超党派になった理由は、青森県という立地自治体への配慮から自民・公明の与党だけではなく野党の賛成も取り付ける必要があったからだ。

図5　新機構と再処理事業の実施の仕組み

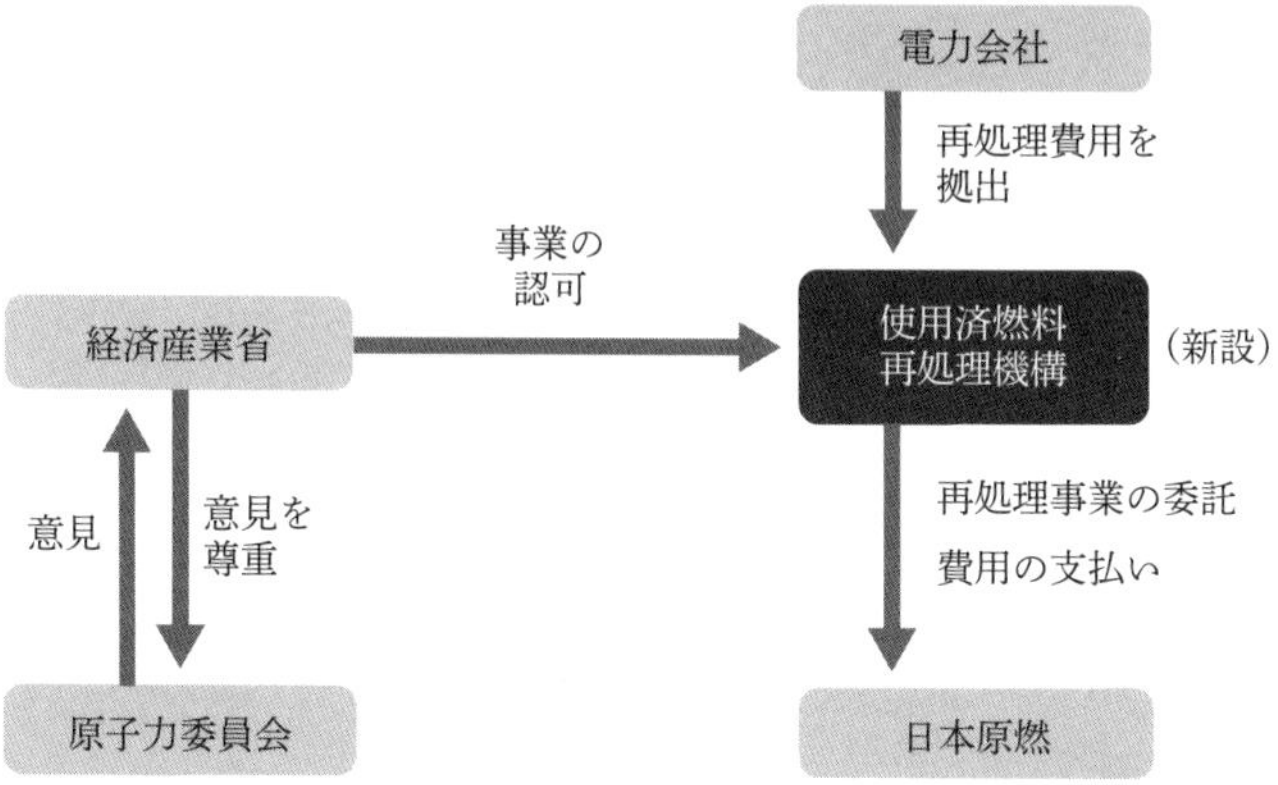

当時資源エネルギー庁長官だった日下部聡は「機構設置の目的の一つはプルトニウム・バランスを国がしっかりと管理することを内外に示すことだった」と振り返る。さらに「IAEAの厳格な保障措置の順守と新機構の二本柱でプルトニウムに懸念を示す米側に納得してもらう意図があった」と証言する。

電力自由化

同機構が設置されたもう一つの重要な背景には、二〇一六年四月に実施された家庭向け電力小売りの全面自由化があった。これまでは工場や学校など大口需要家向けのみが自由化されていたが、各家庭向けも規制が解禁された。

家庭向けの電力供給を地域で独占して請け負ってきた大手電力会社は新規参入者との競争にさらされることになり、最悪の場合、経営破

綻することもあり得る。これまでは六ヶ所村の日本原燃の施設で再処理するための費用は大手電力九社が自社で引当金として積み立てていたが、それでは破綻した際に債権として回収される恐れがあった。

経産省が再処理機構を検討するにあたりまとめた「全面自由化と原子力について」という内部文書には実際にこう書かれている。

これまでは、地域独占・総括原価によるマーケットシェアと投資回収の保証を前提とした安定的な事業環境があった。こうした安定的な事業環境を前提として、政策的な要請、例えば、九電力会社が共同で割高な核燃料サイクル事業を推進できた。

文書はそのうえで青森県の再処理事業についてこう踏み込んだ。

今後、原子力発電比率の低減に伴って六ヶ所再処理工場における再処理単価が上昇した場合、一部の事業者が原子力事業からの撤退や債務保証を拒否した場合に、残った原子力事業を行う電力会社の負担が大幅に増加するリスクがある。これまでは投資回収保証があったことから事業を推進することができたが、今後は事業を支える体制の見直しをする必要性が出てくる。

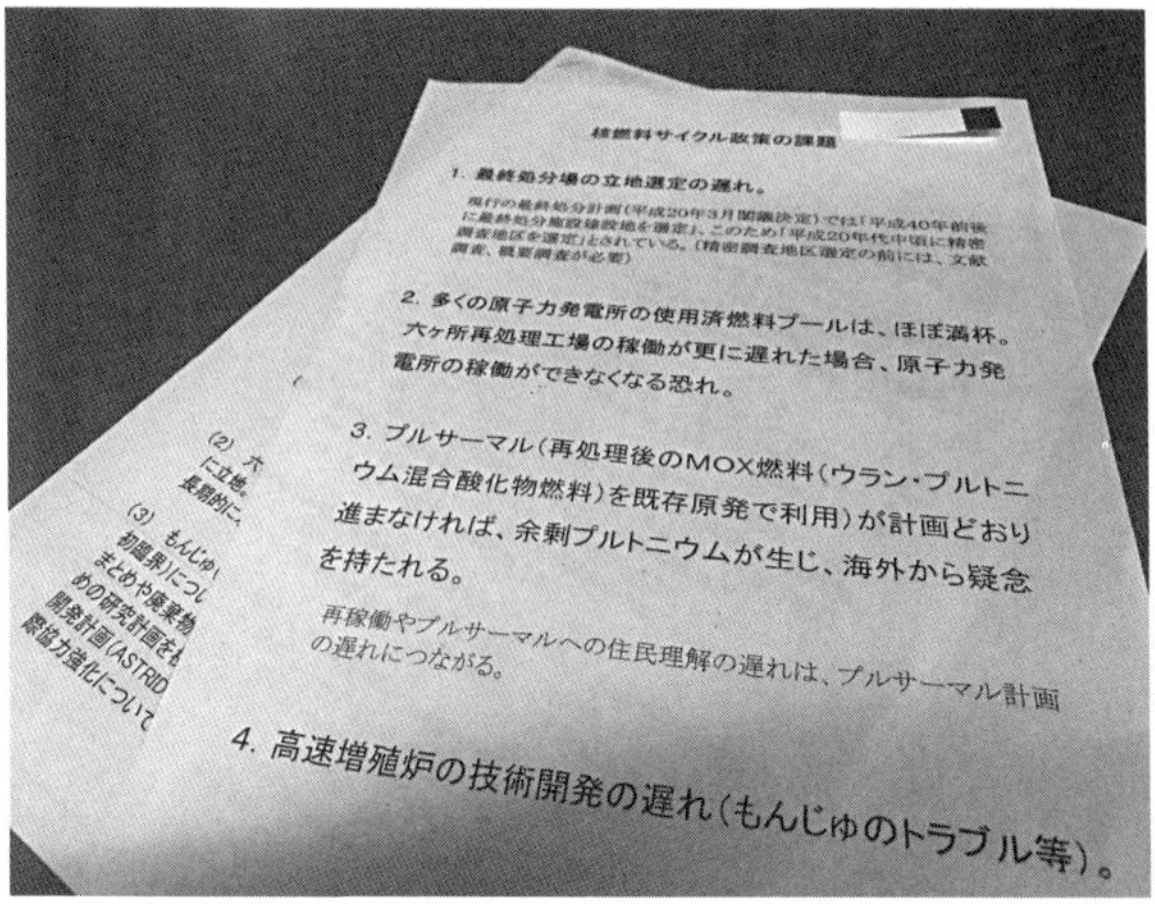

プルトニウムが貯まるなどの核燃料サイクル政策の課題は政府内で共有されていた（五六頁参照）

こうした検討を踏まえ、経産省は先述の通り当面の策として再処理事業の費用をそれぞれの電力会社が自社で積み立てる方式から機構に拠出させる方式に改めた。電力会社が破綻しても積立金を債権として回収されないようにし、資金面でも核燃料サイクル政策を堅持しようとした。国内的な事情と国際問題が絡んだ形で再処理事業の半国有化が進められたのである。

当時の経産相、林幹雄は一六年三月二十四日の衆院本会議で再処理機構を設置する意義についてこう強調した。

「新機構では経産相が再処理計画を認可することになる。政府の方針に反するような計画は当然のことながら認可しない。こうした取り組みを通じてプルトニウムの需給バラン

スに関し、利用目的のないプルトニウムは持たないとの原則は堅持する」。

新機構は電力会社が経営破綻する可能性から核燃料サイクル政策を守ること、さらに余剰プルトニウムが生まれないように国の管理を強化するという二点から設置された。しかし日本側の予想に反して、新機構設立は米側への説得材料としては不十分だった。これは以降で検証する。

米国との本格交渉

「これからの（日米）原子力協定の議論は議会が鍵になる。プルトニウムを含めてきちんと説明できるようにしてもらいたい」。

二〇一七年九月、ウィーンで開かれた国際原子力機関（ＩＡＥＡ）の総会会場。米国政府の核不拡散担当のシニアディレクター、アンドレア・ホールが経産省の関係者らにこう声をかけた。ホールは核不拡散や大量破壊兵器に関する米国の国家安全保障会議（ＮＳＣ）の重鎮。北朝鮮の核開発問題に対処する中心人物でもあり、日本政府は気が引き締まる思いだった。日本側、主に経産省と外務省は一八年七月十六日に期限を迎える同協定について十年などの期限つきでの延長が可能か、もしくは自動延長となるのか米国側の意向を探っていた。

同協定は自動延長した場合、六カ月の猶予期間にいずれかの通告で協定を終了することができる（**図6**）。十年など期限を設ける方が協定として安定的になるが、議会の承認が必要になるため、両国政府の担当者にとって議会における説明責任が大きな関門になる恐れがあった。

図６　日米原子力協定の延長の仕組み

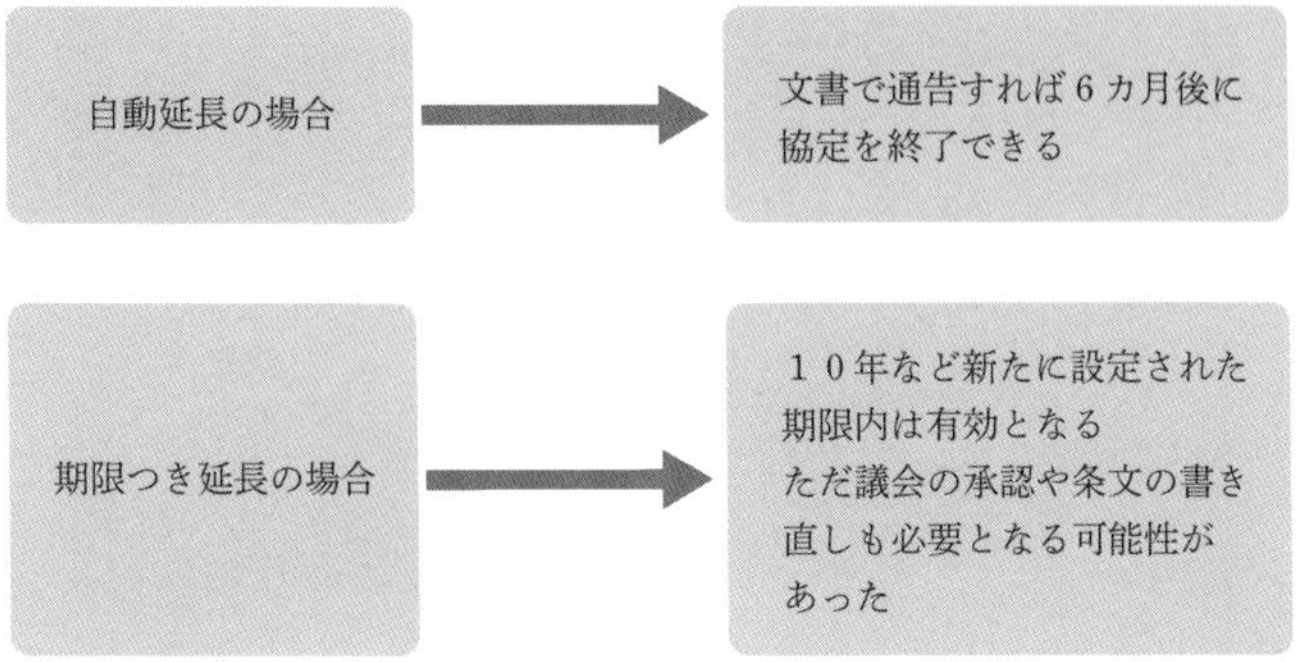
自動延長の場合
文書で通告すれば６カ月後に協定を終了できる
期限つき延長の場合
１０年など新たに設定された期限内は有効となる
ただ議会の承認や条文の書き直しも必要となる可能性があった

ＩＡＥＡ総会から二カ月後の一七年十二月、資源エネルギー庁次長の保坂伸や外務省軍縮不拡散・科学部長の吉田朋之らは延長の是非を確かめるためワシントンを訪れた。ホワイトハウス、国務省、エネルギー省と行脚。ホワイトハウス側は「北朝鮮の核問題は予断を許さない。日本と原子力政策でもめているのを国際的に見せるのは有益ではない」と協定を見直す意図はないことを切り出した。

日本側は一様に安堵した。実はこれまでもエネルギー省副長官のダン・ブルイエットが一七年十月下旬に早々と「協定終了の意図はない」などとメディアの取材に延長の方針を明言。日本でも各紙がブルイエットにインタビューし記事にもしていた。しかし政府間交渉の場で実際に伝えられたのは初めてだった。

日本側は切り札として新設していた使用済燃料再処理機構について資料を示しながら説明した。「こ

れまでは再処理は民営だったが、国の認可制になった。国がプルトニウムの管理に関与する仕組みだ」。さらに「（プルトニウムを燃料として消費する）プルサーマルも着実に進めて削減を目指す」とも強調した。

しかし米側は、「再処理機構だけではない、もっと議会にプルトニウムを減らすということが分かる材料を」とも主張した。

さらに「六ヶ所村の消費の将来の見通しを示すこと」、「プルトニウムを減らすために国際的に声明を出すこと」、「文部科学省が所管する東海村などの再処理工場で貯まるプルトニウムの扱いについてもはっきりさせること」など「クエスチョン」や「チェックポイント」とされる項目を米側は日本に提示した。言葉は柔らかかったものの、要求はかなり具体的であった。

期限つき断念

そしてこのとき、ホワイトハウス側は最も重要なことを付け加えた。

「議会は民主党が強くなってきている。中国や韓国などいろいろな国から日本のプルトニウムについて議会にロビー活動もある」。

日本の脱原発派の市民団体なども中国や韓国と同じような核拡散上の懸念の主張で米議会にロビー活動をしていた。

言葉には期限つきの改定が難しいことがにじんでいた。元長官の日下部は「福島第一原発事

故も起こり、原発の再稼働も進んでいない。日本の原子力の将来性が不透明で有期延長を米側に言い出せる状況ではなかった」と明かす。

実際、国はこのときまでに「核燃料サイクル政策の課題」という内部文書をまとめていた(五二頁写真)。文書はサイクル政策を巡る四つの問題を並べ、その三番目に「プルサーマルが計画どおりに進まなければ、余剰プルトニウムが生じ、海外から疑念を持たれる」と明記していた。政府は対外的には「再処理やプルサーマル等の核燃サイクルは着実に推進する」と表明していた。

しかし文書には「最終処分場の立地選定の遅れ」、「多くの原発の使用済燃料プールは、ほぼ満杯。六ヶ所再処理工場の稼働が更に遅れた場合、原発の稼働ができなくなる恐れ」、「高速増殖炉の技術開発の遅れ」などを挙げ、建前ではない実情を政府内で共有していた。

ホワイトハウス側から議会の現状を聞かされ、日本政府は自動延長でやむを得ないという判断を固める。外務省の関係者も「当初から期限つきの延長は難しいとの予測があり、絶対条件ではなかった。自動延長だけでも当初は難航すると考えていた」とも話す。また、期限つきの延長を乗り越えるには議会の面々を説得しなければならない。別の日本政府の関係者はこう証言する。

「一九八八年の協定のように期限つきの協定の方が望ましかった。ただ、協定を再交渉するなら日本の国会も米国の議会も通さないといけない。米議会には民主党を中心に核不拡散に極め

て厳しい人たちがいる。また米議会は他国との協定案が山積みのようになっていて承認には気が遠くなるような時間がかかる。協定を再交渉し、期限を設定というのは非常にハードルが高い。日本の国会対応も簡単ではない」。

一つ明白なのは、プルトニウムが貯まり続けるという核燃料サイクル政策の行き詰まりが、結果として両国の議会に十分に説明できないほどに当初の目標と整合性を欠いたものになってしまったということだ。

前回の日米原子力協定の改定があった一九八八年当時、高速炉「もんじゅ」や再処理工場は完成に向けて遅れが出ており、核燃料サイクル政策のほころびの兆候はあったものの、まだ日本側は堂々と、製造したプルトニウムは平和裏に原子力発電所で十分に消費できると主張できた。しかしこの三十年間に、東京電力福島第一原発事故やもんじゅの廃炉決定などにより、サイクルそのものが事実上、破綻していた。

その現状が、原子力協定の有期の延長を阻み、日本の核燃料サイクル政策を不安定化させるという悪循環を招いた。

いずれにせよ、このときの米側の要望は日本政府内で共有された。帰国後、経産省原子力政策課などは原子力委員会に「米国の感触はなかなか難題がある。協力をお願いすることになる」と打診する。

再処理量の制限

経産省や外務省の幹部がワシントンを訪れる四カ月ほど前。二〇一七年八月、米エネルギー省日本事務所長との肩書きを持つ在日米大使館員、ロス・マッキンと米国務省の担当者が原子力委員会の事務局に面会を申し入れてきた。

首相官邸のすぐそばにある内閣府の一室。米側は「プルトニウムの保有量は現在から増えないようにしてもらいたい。削減の方針もよりクリアにできないか」と切り出した。米側は歴年の日本のプルトニウム量の推移を記載した図まで持ち出し、使用済み核燃料を再処理する量をコントロールするように求めた。

そして委員長の岡が官房長官に談判して閣議決定にこぎ着けた「基本的考え方」の英訳について、「キャビネット・デシジョンということは、日本政府にとって重いと考えていいですね」と言い、さらに原子力委が規制委と相互に交わした一七年四月の文書も持ち出して「プルトニウム・バランスは日本政府内では原子力委が判断することでいいのか」とまで念を押した。

菅官房長官の裁定による「基本的考え方」の閣議決定への「格上げ」とBasic Policyという英訳が米国側にも認知されたことが分かる。

この「キャビネット・デシジョン」、すなわち「閣議決定」は民主党政権時代にも米側が持ち出したキーワードである。このとき、米側との交渉に応じた当時の原子力委の企画官、川渕英雄は「米国が日本語の文書を含めてよく調べていることに驚いた。日本政府が考えているよ

りも圧倒的に政策決定過程をよく研究し、閣議決定を重視していたことが分かった」と振り返る。

特筆すべきは原子力委員会、経産省と外務省がバラバラに米国側と接触し、さらにその協議の結果が十分に共有されていなかったことだ。実際、原子力委員会のこのときの協議内容と、一七年十二月の経産省と外務省によるワシントン訪問の結果は、一八年の年明けまで擦り合わされることはなかった。

こうした事情は日本側だけの問題ではなかった。そもそも日本政府にとって米国側の窓口も判然とせず、特に経産省や外務省を混乱させていた。米トランプ政権では日本の核不拡散を担当する政治任用の幹部ポストの任命が遅れ、空席が続いていた。交渉に携わった経産省の幹部は日米原子力協定の交渉は「誰がキーパーソンかよく分からない暗中模索の状況」だったと話す。経産省や外務省の担当者が国際原子力機関（ＩＡＥＡ）やワシントンで面会し、最も頼みにしていたアンドレア・ホールは協定が延長される前の六月には退任してしまう。そもそも当初から実体的な権限を持っていたのかは疑わしかった。

本格交渉前に、ワシントンで日本側に米議会の懸念を伝え、日本でもカントリーマン同様に知名度のあった国務省の韓国系のカングもその後、交渉から引き、年明け以降は日本政府側の問い合わせにも「私はもう運転席にはいない（もう担当ではない）」と応じる始末であった。

米国側の不拡散担当者は北朝鮮問題を主担当にしている人物が多かった。「ホワイトハウス

図7　自動延長を巡る日米間のルート

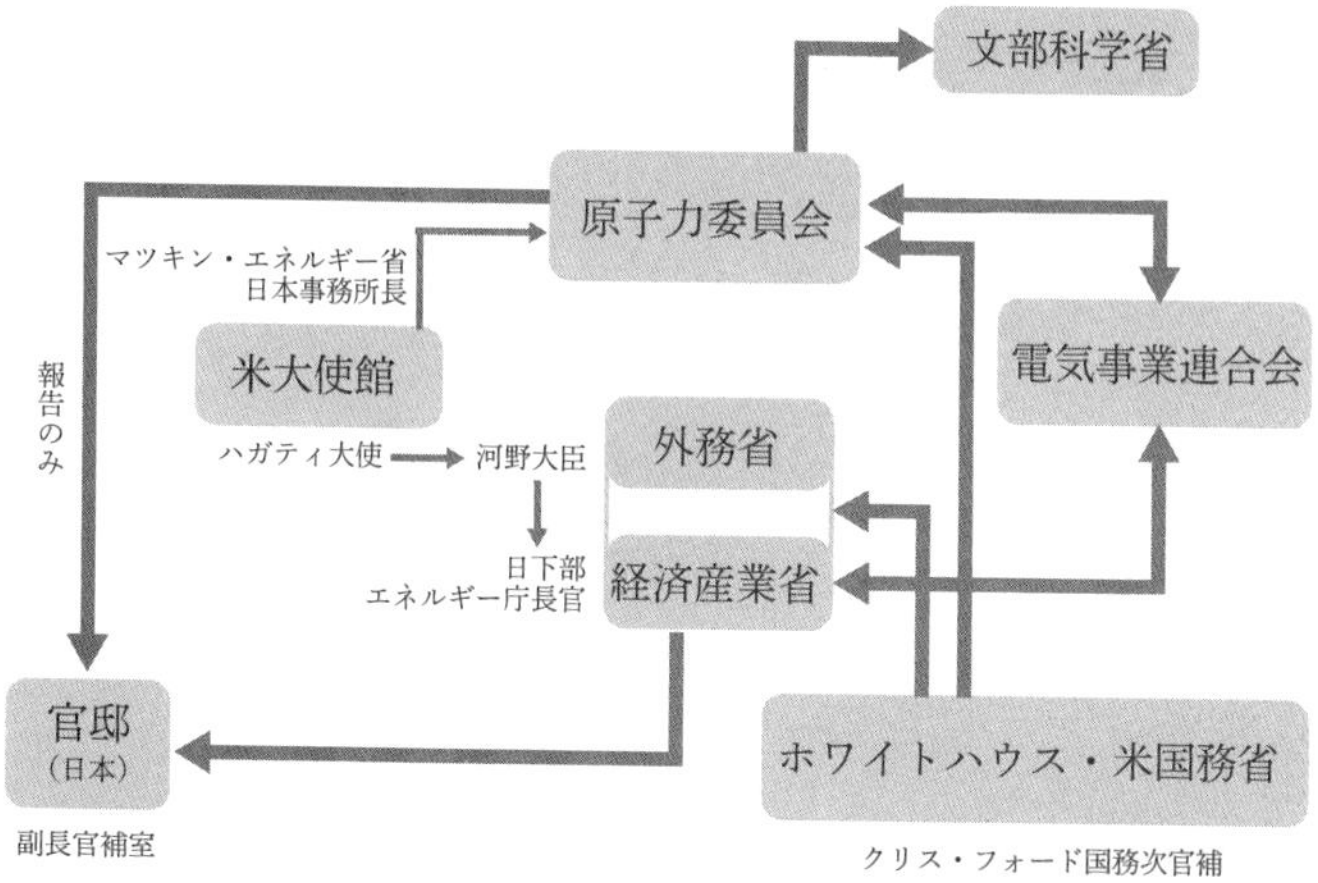

※原子力委や経産省の証言に基づく

が全体的に協定にローキーである理由は、皆兼務している北朝鮮対応で精いっぱいだったからだ」と米政府側の人物が打ち明けている。

米エネルギー省副長官ブルイエットなどが日本メディアに対して「自動延長」だなどと早々に述べていたものの、それは在日米大使館などと擦り合わせた発言ではなかった。

実際、大使館の交渉担当者は経産省がエネルギー基本計画にプルトニウムの削減をなかなか明記しようとせず、河野太郎外相に持ちこまざるを得なくなった際、ある官僚OBに「本国が勝手に自動延長と言うからディールができなくなった」とこぼしたことがあった。米国もまた、日本と同様にバラバラだったのだ（**図7**）。

カーターやレーガンという最高権力者が直接指示を出していた七〇、八〇年代当時に比べて、そもそも米国にとって日米原子力協定への政治的な関心は低かった。交渉の当事者も事務方ばかりであるため、日本側としても大臣級を派遣して折衝する状況にはなかった。明確な閣僚級が登場したのは冒頭で見た河野太郎とハガティ大使の面談だけであった。

またこうした日本側との交渉のズレにはもう一つ事情があった。米側は先に見た原子力委員会との折衝で繰り返し「われわれは協定を破棄するつもりはない」、「だから交渉の節目は一月ではなく七月だ」と主張していた。日本側は核燃料サイクル政策の行き詰まりや議会の有力議員らの発言、さらに彼らを招いた新聞におけるインタビューから米国側が日米原子力協定の見直しを主張してくるのではないかと懸念していた。

ただ米国は余剰プルトニウムは問題視するものの、日本の核燃料サイクル政策を断念させる意図はなかった。原子力は日米同盟の要の一つでもあった。後に詳述するが、米国で原子力産業が衰退した後、日米の原子力の協業が進んでいた。ゼネラル・エレクトリック（GE）と日立、ウエスチングハウスと東芝である。東芝はウエスチングハウスによって経営危機に陥ることになるが、原子力は米国にとっても手放したくない重要な産業だったのである。

米国の度重なるテロへの懸念

ホワイトハウス側がさらに論点として提起した問題があった。アンドレア・ホールは「テロ

リストが日本の施設を襲い、プルトニウムを奪うことを非常に憂慮している」と言った。このテロリストによるプルトニウムなど核関連物質の持ち出しの懸念は常に米国側の主張の柱となっていた。

米国側は「現在、英国にある二十トン分のプルトニウムは、安全保障の観点から日本で消費のめどが立つまでは英国にとどめるべきだ」とも提案した。

日本側は米国の主張に同意し、英国と局長級の協議を始めることを米側に伝えた。

日本の一部論者は商業用のプルトニウムからは核弾頭に適した兵器は造れないと主張しているが、米側は以前から「製造可能」としている。

この点は原子力委員会委員長の岡も「「民生用プルトニウムで核爆弾ができないと思っているのか」と米国人にからかわれた経験があるが、もしそう述べている日本の原子力関係者がいるとしたら恥ずかしいことである」としている。

また二〇一二年三月に経産省の有識者会合で当時原子力委員会の委員長だった近藤駿介はこう証言している。

「軽水炉の使用済み燃料から抽出したプルトニウムが核兵器に使えるかどうかを試した人がいて、使えることが分かったということはどうもある。はっきりしたデータは公開されていないが、そうらしいということは確かだ」。

そのため経産省や外務省は米国の懸念に留意して、「日本の余剰プルトニウムからは核兵器

が造れないから問題はない」などと主張することはなかった。米国が「製造可能」と言っている以上、そのような反論をしてもまかり通らないことは前回八八年当時の協定交渉時から分かっていたからである。

フランス方式の採用

米側の「プルトニウムの増産を現行量以上は許さない」という要望を受けた原子力委員会では、プルトニウムの増減をどのようにコントロールするか、一七年夏以降、委員や事務局が議論を始めた。原子力委はまず二〇〇三年の「利用目的のないプルトニウムは持たない」という方針をより細かく、具体的な文言にしようとの結論に至った。

「平和利用に限る」や「利用目的のない」という文言だけでは米側の要求に応えられないと判断したためだ。

原子力委はプルトニウム・バランスについては、原子力大国フランスの施策を採用することを決める。委員長の岡らは国際原子力機関（IAEA）核燃料サイクル・廃棄対策部長のフランス人、クリストフ・グゼリを招き、面会して助言を受けた。

グゼリは日本でもよく知られたフランスの原子力関係者だった。日本に留学経験もあるグゼリは、仏原子力庁に長く勤務し、民主党政権時代には在日フランス大使館で原子力担当参事官として原発事故について本国とのパイプ役を果たした。原子力全般についてアドバイザー的な

役割もあった。

グゼリは岡と外交官出身の佐野利男委員にこう助言した。

「プルトニウムの最良の管理方法は再処理したらすぐに消費することです」。

さらにプルトニウムは消費のめどがたったもののみ製造するという趣旨のことも加えた。グゼリは二〇一二年にも原子力委員会に招かれて、当時の原子力委員長代理、鈴木達治郎らにプルトニウム・バランスのあり方について説明したことがあった。

日本は〇三年から十四年間、基本方針を改定していなかったがフランスは〇三年以来、三年ごとにプルトニウムの利用計画をＩＡＥＡに提出していた。

一六年の最新の報告書では、「五十八基の原子炉のうち二十二基がＭＯＸ燃料を消費できる」と明記。「余剰プルトニウムを発生させないために、分離プルトニウムの利用見通しに従って使用済み燃料を再処理する（In order to avoid inventories of useless separated plutonium, the fuel is processed as prospects develop for the extracted plutonium）」とし、単に「利用目的のない」というあいまいな日本の文書に比べて、より分かりやすい表現になっていた。そのため新しくつくるプルトニウム管理の基本方針にフランス式の「消費の見通しのある分だけを再処理する」と盛り込むことを決めた。

フランスは核拡散防止条約（ＮＰＴ）体制上、核保有国であり、非核保有国の日本と異なりプルトニウムの余剰を国際社会でとがめられることはない。ただ原子力の透明性と信頼性の確

保の観点から公表しているという。

こうした水面下の政策過程が公の場に初めて断片的に出たのは原子力委員会の公式会合の場だった。

フランスの方針を採用することに決めた原子力委は経産、外務両省の了承のもとで一八年一月十六日に「プルトニウム利用の現状と課題」という文書をまとめ公式会合で公表した。

文書は「フランスには、余剰プルトニウムを発生させないために、一定期間の分離プルトニウムの利用見通しにしたがって、使用済燃料を再処理するという政府のガイドラインがある」と取り組みを紹介した。

外務省とのパイプ役でもあった佐野委員は会議でこう宣言する。「我が国におけるプルトニウム利用の基本的考え方というのは、利用目的のないプルトニウムを持たないという原則を忠実に遵守してきた。依然として内外にこのプルトニウム量に対する問題意識、あるいは懸念というものが一部にある」。

「一定期間に利用する分だけ使用済み燃料を再処理するというフランス政府の考え方、ガイドライン、こういったものを含めて、〇三年の原子力委員会の決定をアップデートして、より充実したものにしていくということは重要である」。

東西の融通問題

米国側に実効性のある削減を求められ、原子力委はさらなる対策を協議した。企画官の川渕が中心になった。その中で二〇二一年に六ヶ所村の再処理施設が稼働した場合、現状の再稼働状況だと一トンしかプルトニウムが減らないことが分かる。特に東電は十三トンものプルトニウムを抱えるものの、所有する原発の再稼働は見込めなかった。他方、西日本では原発の再稼働が着実に進んでいることが事務局内で議論となった。

米国は原子力委に対して電力会社の縦割りをなくし、プルトニウムの保有量を確実に削減できる方法を明記するように求めていた。

ある職員は「だったら東のプルトニウムを西で燃やしたらいいのではないか（東電などのプルトニウムを西日本の電力会社が燃料として使う）」と提案する。電事連に東西で融通させることを求めることを決め、電力会社を管轄する経産省にも打診した。経産省内の議論では「原子力委の出過ぎたまねだ」と批判の声も出たが、最終的には「電力会社も対応が大変だろうが、ちゃんと燃やさないといけないことも事実だ」と応答した。そもそも電力会社同士がプルトニウムを譲渡したことはかつてあったことだった。原子力委はその構想を電事連に対してＦＡＸして通告した。

一八年三月に入り、原子力委員会は電事連の関係者を呼び非公式の会合を開く。そして電力会社間の融通を実施するように提案し、改定するプルトニウムの基本方針にも盛り込みたい旨

を告げる。

電事連側は要請に反発した。「地元の問題があるから安請け合いできない」、「できる見通しが立たないと言及できない」、「プルトニウムは個社で燃やすのが基本で、燃やせない社の努力がゆるくなる」。

経産省から七月の自動延長がかなったと説明を受けていた電事連側は言う。「一月に協定の延長が決まったのにさらに踏み込む必要があるのでしょうか」。協議はもの別れに終わった。

その直後の正式な委員会の公開会合でも委員の佐野が同様に「電気事業、原子力の発電事業は民間企業が基本的に行っている。経営上の各社の事情もある。他方、事業者全体をとりまとめている電事連に是非各社の事情を超えて、オールジャパンの立場からプルサーマルが進むように、各社の調整をお願いしたい」と呼びかけたが、電事連側は回答を避けた。表面上は反対した電事連側だったが、内々ではプルトニウムの融通の調整を始めた。

原子力委員会は二〇一六年時点で原発の再稼働が進まずプルサーマルがうまく進展しない「事情は理解する」との見解を示していた。原子力委が急にそれまでのスタンスを覆して要求を厳しくし始めたことにも反発した。こうした経緯から原子力委もあくまで電力会社への提案にとどめ、要請とはしなかった。このとき、難色を示した電事連も、二〇年十二月に結局、「事業者間の連携・協力により国内外のプルトニウム利用の促進、保有量の削減を進める」との方針を国に示している。原子力委の要望を最後はのんだのである。

クリス・フォード

日本がフランス式のプルトニウム管理の採用を決めた頃、米国側もようやく重要人事があり、交渉の責任体制が固まりつつあった。まず二〇一七年十二月二十一日にホワイトハウス、米国家安全保障会議（NSC）のクリス・フォードが不拡散担当の国務次官補に昇格となった。朝日新聞や東京新聞などで繰り返し日本の余剰プルトニウムについて批判してきたカントリーマンの後任となったのだ。フォードはオバマ政権前のブッシュ大統領の時代から核不拡散の担当としてホワイトハウスに勤務していた。

実はこれまでもフォードはキーマンであったが、日本政府側にはその姿は見えなかった。国務次官補に任命されたことでようやく日本側にも目に見える形で責任者が分かることになったのだ。フォードはNSC時代から日本のプルトニウム政策についてマツキンに指示していた経緯がある。十二月に経産省や外務省の幹部が訪れた際もホールらと並んで会合に出席していた。日本政府には誰が窓口となっているかは年明けまでは分からずじまいだった。

以降、フォードが一貫して日本側との交渉の指揮をとる。フォードは経産省や外務省がアンドレア・ホールと同時に接触していた韓国系のカングを交代させて、日本との交渉に別の特命担当者を置いた。この特命担当者は以降、在日米大使館のマツキンと共同で日本政府、主に原子力委員会と折衝することになる。

皮肉にもこれまで曖昧だった米国の窓口が決まったのは既に日米原子力協定の自動延長が固まる前夜だった。この時間的なズレが延長に安堵していた日本側に不意打ちにも似た衝撃を与えることになった。

原子力委員会は二〇一八年四月三日、経産省と外務省、文科省の担当者を招いた公式会合でプルトニウム管理について議論した。そこでプルトニウムの処理のあり方について新しく原子力委員会が政府を代表して指針をまとめること、さらに消費の見通しのないプルトニウムはそもそも製造しないというフランス方式の採用について意見を求めた。

核燃料サイクル産業課長の覚道崇文は「拠出金法の方ではプルトニウムのバランスをしっかり原子力委員会の意見も斟酌をしながら認可をするということで、御提案のあった考え方を具体的に担保するような形になるのではないか。考え方として異論はない」。あくまで先述した使用済燃料再処理機構の存在にこだわりながらも、原子力委員会の方針に同意する。

前回、八八年当時の日米原子力協定に比べてほとんど交渉に携わることがなくなった文科省原子力課長の清浦隆は「原子力委員会の研究開発用のプルトニウムに関する基本的な考え方については、我々の考え方とも一致している」と述べる。

文科省は「研究用プルトニウムの利用に関する考え方について」とする文書も原子力委に提出した。研究用のプルトニウムは研究開発に必要不可欠としながらも、「利用方針は原子力委員会において妥当性を確認いただけるように報告することとする」と明記してあった。

また外務省不拡散・科学原子力課課長補佐は「日本のプルトニウムはＩＡＥＡの厳格な保障措置のもとでＩＡＥＡから平和的活動にあると、結論を得ている」と強調しながらも、「各国内にシンクタンクなど一部懸念の声というのがある、これは外務省としても承知している」とも述べた。政府の担当者が公式の場で日本のプルトニウムへの懸念を認めるのはかなり異例のことであった。

こうして改めて公式の場で原子力委員会が主導して日本政府の総意としてプルトニウム管理を厳格にする方針を明確化することは重要な意義があった。

何度も記述してきたように、日本においてプルトニウム・バランスや平和利用を判断する組織が曖昧になっていた。原子力委が電力会社など国内で交渉する際にも権限の正統性に疑義が持たれていた。また、外務省も「外交の一元化という原則がある」と原子力委が前面に出た関与に対して、当初は異論を唱えていたが、ＯＢで原子力委員だった阿部信泰や佐野利男との情報共有もあり、次第に協力的になっていた。

この日の会合はこうした経産、外務、文科の関連省庁が公に発言し、原子力委員会に改めて日本のプルトニウム管理について一任する「儀式」を経ることで原子力委の決定に正統性を与える意義を持っていた。

時を同じくして、米国では、クリスのボスに当たる核不拡散を含む安全保障担当の国務次官にアフガニスタンやイラクでの軍歴もあるアンドレア・トンプソンも四月にようやく就任した。

ホールが二〇一七年九月に指摘していたように、一八年二月に米議会上院の委員会で開かれたトンプソンの就任にあたっての公聴会では厳しい意見が飛んだ。日本の市民団体がロビー活動をしていた不拡散派の民主党議員は「日本の四十七トンのプルトニウムは地域の核不拡散の懸念となっている」と指摘すると、トンプソンは「委員会と共同してこの問題はきちんと掘り下げる。大使館とも相談する」と答えた。「掘り下げる」との言葉通り、アンドレア・ホールが指摘してきた「議会」という言葉が明確になった。

クリス・フォード配下の特命担当者と大使館のマツキンが交渉を続けるなかで米国側は日本側に以下の点を改めて要望した。

米議会の内にいる不拡散グループに対応するため、そしてイランやサウジアラビア、中国、韓国に説明するためにも日本のプルトニウム管理を今よりも具体的かつ適切に管理する方針を示して欲しい。

プルトニウム保有量は現状から増えないようにする方策を考え、決定次第、対外発信すること。

現行の日米原子力協定の三十周年に際し、メディアリリースの形で日米共同で核不拡散へ共同歩調を取っている旨のリリースを出すこと。

米国大使館は原子力委員会の新指針について「米政府として歓迎したい」と会見で述べた

再処理事業は新機構を設置し、経産相の認可制にしたとの説明に対して、米側は「仮に認可されたら量は今より増えてしまう」と明確に反論し了承しなかった。再処理機構以外の具体的な担保を求めた形だ。

特に日本側が苦慮したのがプルトニウムの量の管理だった。米側は六月の段階でプルトニウムの増減については微増も許さないスタンスを強調した。米側は日本政府側にこう通達した。

「現在の水準というのは（一七年末時点の保有量である）四十六・九トンを絶対に上回ってはならない。例えば再処理施設が稼働する二〇二一年までに四十トンまで減っていれば、六ヶ所村では六・九トンまで増やしていいということだ」。

日本側はこの厳格な要求に困惑した。日本

の原子力政策はこの本でも繰り返しその問題点を指摘するが、「国策民営」であった。六ヶ所村の再処理事業は民間会社である日本原燃が運営する。仮に六ヶ所村が操業できないとなれば、経営問題にも発展する。

さらに政府内で問題となったのは七月十六日の協定延長前後に日米両政府が対外メッセージを出すという米国側の要求だった。米国は「七月の協定延長の前後に日本政府が動きを示せば、われわれも対外的に宣伝ができる」と強調した。

しかし、日米共同声明は新指針が米国側の要望で策定したように見えるため「あまりにも従属的だ」との意見が政府内を占めた。そのため、新指針を英訳して国際原子力機関(IAEA)の加盟国に配布することで米側の了解を得た。

当時を知る内閣府の担当者は改めて時間軸の違いを強調した。「そもそも日本と米国で設定していた時間軸が異なっていた。われわれは一月十六日に自動延長ができるか否かを焦点に交渉していたが、米国は協定を破棄する意向は最初からなかった。延長となる七月十六日を節目とみていた。ようやく米国側の動きも顔が見えるようになってきた」と明かす。

またプルトニウムを〇・一トンも増やすなという米国の厳格な要望については、日本原燃の再処理施設があくまで民間施設であること、民間事業であるために、国が厳格な数量制限を設けると、訴訟リスクがあることなどを説明して了承を得た。制限を設けることは原子力委員会の権限としては困難であった。米国は明確な上限制にこだわったが交渉の結果、最後は

「approximately」とすることで同意した。

また駐日大使のハガティからの要請で、外相の河野太郎が経産省に指示した「大使館ルート」によりエネルギー基本計画にもプルトニウムの削減が盛り込まれたことはすでに紹介したが、こうして七月三十一日に新指針ができあがった。

新指針の細目を見ると、いかに米国からの要求に対応しているかがよく分かる。

我が国におけるプルトニウム利用の基本的な考え方

平成三十年七月三十一日

原子力委員会決定

我が国の原子力利用は、原子力基本法にのっとり、「利用目的のないプルトニウムは持たない」という原則を堅持し、厳に平和の目的に限り行われてきた。我が国は、我が国のみならず最近の世界的な原子力利用をめぐる状況を俯瞰し、プルトニウム利用を進めるに当たっては、国際社会と連携し、核不拡散の観点も重要視し、平和利用に係る透明性を高めるため、下記方針に沿って取り組むこととする。

記

我が国は、上記の考え方に基づき、プルトニウム保有量を減少させる。プルトニウム保有量は、以下の措置の実現に基づき、現在の水準を超えることはない。

1 再処理等の計画の認可（再処理等拠出金法）に当たっては、六ヶ所再処理工場、MOX燃料加工工場及びプルサーマルの稼働状況に応じて、プルサーマルの着実な実施に必要な量だけ再処理が実施されるよう認可を行う。その上で、生産されたMOX燃料については、事業者により時宜を失わずに確実に消費されるよう指導し、それを確認する。

2 プルトニウムの需給バランスを確保し、再処理から照射までのプルトニウム保有量を必要最小限とし、再処理工場等の適切な運転に必要な水準まで減少させるため、事業者に必要な指導を行い、実現に取り組む。

3 事業者間の連携・協力を促すこと等により、海外保有分のプルトニウムの着実な削減に取り組む。

4 研究開発に利用されるプルトニウムについては、情勢の変化によって機動的に対応することとしつつ、当面の使用方針が明確でない場合には、その利用又は処分等の在り方についてすべてのオプションを検討する。

5 使用済燃料の貯蔵能力の拡大に向けた取組を着実に実施する。加えて、透明性を高める観点から、今後、電気事業者及び国立研究開発法人日本原子力研究開発機構（JAEA）は、プルトニウムの所有者、所有量及び利用目的を記した利用計画を改めて策

定した上で、毎年度公表していくこととする。

交渉のキーマンだった在日米大使館のエネルギー担当、ロス・マッキンは八月一日に米大使館内で会見を開き、「日米の原子力協力は強固で安定している」、「内容を変えることは考えていない」とし、「米政府として歓迎する。核不拡散に対する日本の強いリーダーシップを明確に示している」と評価した。

大使館が会見を開くのは異例だ。さらに米エネルギー省も新指針を公表し、対外的に宣伝した。対して日本側は消極的だった。それは一九八八年に改定した際とは対照的だった。当時は日本が自主的に核燃料サイクルを実施しうることを米国側から勝ち取ったとして、大きく宣伝された。日本の核燃料サイクル政策の実態が三十年を経た今、八八年の理想からかけ離れたものになっていた。

「日米原子力協定は日本の原子力活動の基盤だ」。経済産業相、世耕弘成は原子力委員会の新指針が明らかになった直後の会見でこう強調した。米側の要求については「量の削減も含む適切な管理・利用を行う。米国によく説明する」と述べた。

新しい指針が公表された直後の八月初め。一七年十二月の経産・外務両省がホワイトハウスを訪問した前後から交渉のキーマンだった国務次官補のクリス・フォードが来日した。ものものしい警護の中、銀座の和牛店で原子力委員長の岡らと懇談した蝶ネクタイ姿のフォードは上

機嫌で「素晴らしい指針ができた。よくやってくれた」と日本政府側を慰労した。一年に及ぶ急転直下の交渉がようやく両政府にとって着地した瞬間だった。

英国との交渉

政府の幹部らは英国に飛んだ。米国側から注文を受けた英国にある約二十トンのプルトニウムの扱いについて英国側と協議するためだ。日本側は、プルトニウムをテロ組織などから狙われないよう、安全な管理を改めてお願いした。また、最終的に英国に保管している分は引き渡したい意向であることを打診した。英国のビジネス・エネルギー・産業戦略省の局長級はこう返した。「われわれには自国で貯めた分が多くある。その対応を先に決める」、「まずは国内分の取り扱いを決めたい。それまでは安全に保管する」。

英国内での残留や譲渡は米国側の意向を強く受けたものであった。日本政府は早速その要請を実行した形だ。何より米国との「保有量を増やさない」という約束を守れば、プルトニウムが大きく減らなければ再処理事業自体の採算性がなくなる。

一九九〇年代には、使用済み核燃料の再利用をやめたドイツやベルギーが英国にプルトニウムを譲渡した例があった。英国は再処理工場の稼働率をあげるため、ドイツなどから使用済み核燃料を引き取る事業をしていた。英国は一一年の原発事故より以前に日本にも引き取りを打診したことはあった。だがその後、工場の採算が悪化し、一八年十一月に運転を停止したまま

だった。

　英国側は最後にこう付け加えた。「英国の政治制度の伝統として、エネルギー政策は超党派なので政権交代ではスイングしない。過去に引き取ると言っていたのは留意する」。日本政府のプルトニウム削減の努力はこうして始まった。

　こうした政策形成過程を検証すると、軍事安全保障と同様、日本の原子力政策への米国の強い影響力が浮き彫りになった。電力会社の原子力委や経産省への影響力も限定的だった。

「電力会社やエネ庁におもねる必要はなくなった。これまでの原子力委とは違うことを印象づけたかった。そこを意識した」と当時原子力委員会の企画官として交渉にも携わった川渕英雄は振り返る。

　一方で新しい指針で示した「電力会社や研究機関が毎年、プルトニウム利用計画を公表する」との項目は原子力委の要請にもかかわらず、新指針から二年以上を経てもいまだ公表されていない。

　原子力委員会がプルトニウムの平和利用の「番人」として一八年の日米原子力協定自動延長時のような影響力を維持できるかは、長い目でさらなる検証が必要になる。

第二章

虚像の原発ゼロ

「総合資源エネルギー調査会基本問題委員会」の第１回会合（時事）

再処理見直し

二〇一二年九月九日夕。日曜日にもかかわらず首相官邸そばのＡＮＡインターコンチネンタルホテル東京の一室に民主党政権の経産相枝野幸男、国家戦略相古川元久ら閣僚と経産省、内閣府の官僚たち十数人が詰めていた。

議題は政権が当時、閣議決定を目指していた「革新的エネルギー・環境戦略」に盛り込む核燃料サイクル政策の方向性についてだ。米国や青森県の反発によって結局、撤回することになったが、民主党は近く実施される見通しの安倍晋三総裁率いる自民党との総選挙で二〇三〇年代には原発依存をなくす「原発ゼロ」を公約に掲げる方針だった。当時は東京電力福島第一原発事故からまだ一年半余り。日米原子力協定の自動延長を巡る議論があった二〇一八年よりもはるかに事故の記憶は生々しく、国民やメディアの原子力政策への関心も高かった。

ホテルでの議論の焦点は核燃料サイクル政策における「再処理の見直し」を明記するかどうかだった。原発ゼロを掲げるならば、使用済み核燃料を再処理して利用する事業は当然不要になるからだ。再処理事業の概要は既に第一章「日米原子力協定」で説明した。

この場にいた官僚の証言によれば、「再処理の見直し」明記への最大の障壁は高レベル放射

性廃棄物に関する英国との契約だった。その内容は使用済み核燃料を再処理した後に出る高レベル放射性廃棄物のガラス固化体が近く、青森県六ヶ所村に運び込まれるというものだった。青森県は再処理工場の稼働や最終処分場を見つけるまでの「中間貯蔵」として使用済み核燃料や高レベル放射性廃棄物を受け入れてきた。再処理が中止となれば核のごみの最終処分場とされる懸念を県は抱いていた。

経産省の電力・ガス事業部長だった糟谷敏秀はこの会合の直前、青森県に赴いて非公式に民主党の原発ゼロ政策について説明していた。その際、青森県側はもし原発ゼロを決定する場合は「英仏から返還される高レベル放射性廃棄物の搬入は認めない」、「一時貯蔵されている廃棄物を村外に搬出すること」を通告していた。糟谷がＡＮＡホテルでこの面談内容を報告すると、部屋は重苦しい雰囲気が支配した。

政権にとっての急所はまさに「搬入は認めない」という言葉であった。青森県は電力会社と核燃料サイクル政策が放棄される場合、既に持ち込まれた核のごみをすぐに持ち出す協定を結んでいた。

このとき現場にいた官僚の証言によれば、民主党政権はこの時点で全国の原発が稼働していない「原発ゼロ」の状態であったため、使用済み核燃料の持ち出しはなんとか乗り切れると考えていたという。実際、青森県にあった使用済み核燃料は約三千トン。それに対し、全国の原発に残る貯蔵容量は六千トンあった。持ち出せという協定の存在は原発ゼロを議論するより以

前から政権も認知していた。

それよりも英国から青森に持ち込まれる核のごみだけは解決策が見つからなかった。まず、再処理自体が民間の電力会社が英国の民間の再処理会社に委託した「民」「民」同士の契約だったため、即座に国が介入して契約を変更させることは難しかった。日本の原子力政策があくまで「国策民営」だったことがあだとなる。

枝野が「イギリスの件はどうだ」と問うと、糟谷は「それについては解はありません」と答えた。

さらに経産省の担当者が報告する。英国からの船が入る六ヶ所村のむつ小川原港は国の管轄ではなく、青森県が港湾管理者となっており、入港の可否を決める権限も国ではなく県にあるという。文字通りの「拒否権」を青森側は握っていたのである。

この段に至って、古川は「しょうがない。では書き方を見直そう」と提案した。

結局、民主党政権は核燃料サイクル政策の堅持を戦略に明記することを決める。それは同時に「原発ゼロ」の断念を意味していた。青森県側の意向を前に看板政策はもろくも崩れ去った。

当時その場にいた内閣府の幹部は「高レベル放射性廃棄物は国際的な管理が厳しい。仮に海上でうろうろさせる事態が起これば国際的に批判を受ける。地元へ根回しする時間も足りなかった」と明かした。

六ヶ所村の決起文

青森県側は突如、拒否権を発動した訳ではない。原発事故の直後から原子力委員会や経産大臣への申し入れなどの場で懸念を示し続けていた。にもかかわらず、政権は直前まで地元とまともな調整をすることはなかった。それは民主党政権が原発ゼロを政府方針として決めようとしたのは、後述する直前の世論調査の結果に依拠したからだった。当初は一定程度の原発比率は残すつもりだったが、エネルギー政策の民意を問うた「国民的議論」で「ゼロ」を望む声が多数を占めたからだ。公式な話し合いすらない政策転換に反発することは自治体としては当然の行動であった。

「原発ゼロ」に関する報道ばかりが先行し始めると六ヶ所村は、「村の存亡にかかわる」と批判のトーンを強めた。九月に入り、民主党政権の「原発ゼロ」の原案が伝えられると村は文字通り決起した。糟谷との面談直後、そしてＡＮＡホテルの会合の二日前となる九月七日、六ヶ所村議会は以下を全会一致で決議した。

一　イギリス及びフランスから返還される新たな廃棄物の搬入は認めない。
二　現在、本村に一時貯蔵されている同返還廃棄物を村外に搬出すること。
三　使用済み燃料の新たな搬入は認めない。
四　現在、本村に一時貯蔵されている同使用済み燃料を村外へ搬出すること。

五　新たな低レベル放射性廃棄物の搬入は認めない。
六　現在、約二十五万本貯蔵している低レベル放射性廃棄物を村外に搬出すること。
七　東京電力株式会社が実質上国有化されており、上記の各種廃棄物の約四割については東京電力株式会社所有のものであり、国が対処すること。
八　国策に協力してきた本村は、広大な土地と海域を失い、大事な産業を亡くした責任は国にあることから、その影響に値する損害賠償を支払うこと。

六ヶ所村の議決は決して「脅し」ではなかった。一九九五年に青森県は実際に核のごみの搬入を中止させたことがあったからだ。搬入は科学技術庁長官名で「最終処分場にはしない」という誓約書を書かせてようやく実現した。拒否権の行使は既に実行されていたのである。青森県において日本原燃は資本金、従業員数ともに最大の企業だ。立地する原発も含めサイクル関連の税は五年間で九百億円を超える。サイクル政策の存続は死活問題だ。こうした経緯を踏まえ、十五日には枝野自身が地元に赴き、今後も予定通り再処理事業を進めていくと説明。「原発ゼロにするために（自治体との）約束を破ることはない」と述べている。

時間切れとなった民主党政権

原発ゼロが骨抜きになっていく過程で主要なアクターとなったのは六ヶ所村と青森県、さら

に米国である。国策といいながら、国だけで容易に方針転換できない実態が浮き彫りになる。

原子力政策は省庁、外交、自治体、電力会社、重電メーカーの利害が複層的に絡み合う。原子力はその計画の具体化に巨額の投資と時間、研究開発、地元との利害調整が必要になる。政策の変更にはそれぞれのアクターに納得のいくような論理的、金銭的な解決策を示さなければならない。これまで振り返ったように核燃料サイクルを導入したのは対外的にも国内的にも国の側だった。日本はそれぞれのアクターが大小はあれ力を持つ、民主主義国家である。自治体や電力会社に一方的に変更を迫るだけでは政策転換は実現できない。

また自民党がエネルギー基本計画を閣議決定した際に原発をベースロード電源と再定義して原発ゼロを放棄したと報道されたが、それは正しくない。民主党政権は米国に説明することになるが、再稼働により原発を維持する構えだった。中国電力島根原発やＪパワー大間原発などの実質的な新設原発の稼働も認めていた。さらに核燃料サイクルについては「ぶれずに推進」するとまでしていた。エネルギー基本計画に限れば、自民党政権が閣議決定で上書きしたのはあくまで鳩山政権時代の原発五割であり、正しく言えば、自民党政権は民主党政権に比べて半分に原発比率を減らしたことになる。

資源エネルギー調査会

「経済産業省総合資源エネルギー調査会基本問題委員会」。二〇一一年九月、青森県が原発ゼ

ロを撤回させたちょうど一年前。民主党政権は将来の原子力比率について議論する場をこの経済産業相の諮問機関に置いた。経産相の枝野は九月二日に新首相となったばかりの野田佳彦が前任の菅直人から引き継いだ「原発依存度をできるかぎり低減させる」という目標を実現し、ゼロベースで日本のエネルギーのあり方を再検討する準備に取りかかっていた。

枝野は前任の鉢呂吉雄が福島第一原発事故に関する不適切な発言をして辞任したことを受けて九月十二日に経産相を引き継いでいた。枝野は官房長官時代、原発事故処理にあたっており、知識や経験、さらに知名度からも適任と思われた人事だった。

そして二〇一一年九月二十七日、枝野は委員会の人事を発表した。

阿南久（全国消費者団体連絡会事務局長）
飯田哲也（環境エネルギー政策研究所所長）
植田和弘（京都大学大学院経済学研究科教授）
槍田松瑩（三井物産会長）
枝広淳子（ジャパン・フォー・サステナビリティ代表）
逢見直人（日本労働組合総連合会副事務局長）
大島堅一（立命館大学国際関係学部教授）
柏木孝夫（東京工業大学大学院教授）

金本良嗣（政策研究大学院大学教授）
北岡伸一（東京大学大学院法学政治学研究科教授）
橘川武郎（一橋大学大学院商学研究科教授）
河野龍太郎（ＢＮＰパリバ証券経済調査本部長）
榊原定征（東レ会長）
崎田裕子（持続可能な社会をつくる元気ネット理事長）
高橋洋（富士通総研主任研究員）
辰巳菊子（日本消費生活アドバイザー・コンサルタント協会理事）
田中知（東京大学大学院工学系研究科教授）
寺島実郎（日本総合研究所理事長）
豊田正和（日本エネルギー経済研究所理事長）
中上英俊（住環境計画研究所所長）
八田達夫（大阪大学招聘教授）
伴英幸（原子力資料情報室共同代表）
松村敏弘（東京大学社会科学研究所教授）
三村明夫（新日本製鉄会長）※委員長
山地憲治（地球環境産業技術研究機構理事）

肩書はいずれも同時

経産省の資源エネルギー調査会は将来の原子力や火力発電、再生可能エネルギーのあり方さらに政策支援の方法を明記する「エネルギー基本計画」について話し合う。先述の通り、経産相の諮問機関だ。

エネルギー基本計画は、二〇〇二年に成立したエネルギー政策基本法による。経済や資源の状況などを総合的に勘案して電力の安定供給を実現するための火力や原子力、水力のおおまかな目標を定める。閣議決定を伴うため、予算措置などの政策誘導について拘束力を持つ。二〇一八年のプルトニウム削減の際も、同計画への明記が米側の要望に出たのはそのためだ。

中曽根康弘による導入決定以来、日本の原発推進路線が政策レベルで見直されることはなかった。民主党政権で初めてゼロベースで議論が着手されるということ自体が画期的ではあった。

委員は多彩な人材が集められた。従来通りの原発の活用を主張する者、原発の即時撤廃を訴える者や、最も安いと主張されてきた原発のコストが他の電源よりも実は高いとする者など斬新だった。

民主党政権は「反原発」と「原発推進」の二項対立を乗り越えた「国民的議論」を展開すると掲げていたためだが、こうした双方に配慮した人選が後に混乱を生む元凶にもなった。

見直し前のエネルギー基本計画

あまり知られていないが、民主党政権は当初、強固に原子力を推進しようとしていた。首相の鳩山由紀夫は発足直後の国連気候変動サミットの開会式で日本の温室効果ガス削減目標を九〇年比二十五パーセント減とする目標を打ち上げた。

鳩山が音頭を取り、二〇一〇年六月には原発比率を約五割にまで高めたエネルギー基本計画を閣議決定していた。温暖化ガスをほとんど排出しない原発は脱炭素の重要電源と位置づけられたからだ。

具体的な書きぶりはこうである。三〇年までにゼロエミッション電源比率を現状の約二倍である七十パーセントに引き上げる。原子力発電は二〇三〇年までに十四基以上を新増設し、発電電力量に占める比率を五十三パーセントに高め、残りは再生可能エネルギーで賄う。

特筆すべきは、原発の設備稼働率も八十パーセントから九十パーセントにまで上げることも検討していた。今では到底想定できない超原発依存社会である。

原発に五割もの電力を依拠する計画を策定していたことは当時の民主党政権がその時点で原発の安全性を疑っていなかったことを意味する。当時の政権は「原子力ルネサンス」とまで公言していた。

特筆すべきは、鳩山政権時代の原発五割を盛り込んだエネルギー基本計画の会合はわずか五

回しか開かれていない。原発依存度の倍増というエネルギー重要施策のメリットやデメリットが五回の会議で検証できるはずはない。当時のエネ基に携わっていた経産官僚は振り返る。

「温暖化ガス二十五パーセント減という目標が決まっていたため、事務局が一生懸命計算して原発比率をむりやり当てはめた。再生可能エネルギーの拡大も見込んだが、電力会社と協議して原発の急拡大で帳尻を合わせた。あのときは福島などの地元自治体でも新増設の歓迎を表明しているところが多かった」。

その一方、原発事故後に枝野が主催した基本問題委員会は設置後、ときには週に一回以上の高い頻度で開かれた。官僚の台本通りではない侃々諤々の議論が交わされた。エネルギー問題が国民の注視を受ける国政の重要課題として透明化されたことが分かる。

初会合

十月三日、経済産業省の最上階十七階の大会議室は汗ばむほどの熱気にあふれた。基本問題委員会の初回の会合は原発事故後初めてエネルギー基本計画を見直すとあって多くの傍聴客やメディアが詰めかけた。会議室内はごった返した。二十五人もの委員、そして説明役の官僚たちがテーブルに居並んだ。大企業の幹部にはその秘書やお付きの者らがさらに取り囲む。見学の電力会社社員や市民団体参加者は立ち見だった。

周囲が固唾をのんで見守る中、経産相の枝野はこう意気込んだ。

「エネルギー政策をゼロベースで見直し、再構築を図る必要があるということで本委員会を設置した。この委員会の意見を聞いたうえで、私の下でエネルギー基本計画の案を作成するということにさせていただいた。我が国の十年、二十年ではない、五十年、百年、二百年の今後の歩む道、歩んでいける道を探っていく、国家にとって日本人にとって重要な議論になる」。

会合は冒頭から波乱含みとなった。まず委員長は事前に新日本製鉄会長の三村明夫と決まっていたが、異論が出た。製鉄会社は経団連の超重鎮企業でもあり、既存の電力会社寄りとみられたからだ。

脱原発派の環境エネルギー政策研究所所長、飯田哲也は三村の委員長起用について「国民の目線からみて、痛くもない腹を探られる」と述べる。ほかの脱原発派からも意見が出て、収拾がつかなくなったが、最後に枝野は「経験や年齢も考えて、三村さんがいいと判断した」と取りなした。こうした混乱は一年以上にわたった会合を通して続いた。

後に経団連会長、関電会長になる東レ榊原は原発の維持を主張した。

「日本は製造業立国だ。資源が乏しい。電力コストがさらに上積みされると、製造業は生き残りのために事業拠点を海外に移転せざるを得なくなる。空洞化が加速する」。

その一方で脱原発派の阿南は「原発はいったん事故が起こればとてつもない被害となって多くの国民を苦しめる」と反論した。

基本問題委員会の中で脱原発派の委員の声が盛んに報道されるようになると、政府の外でも

原発への意見が活発化し始めた。

例えば、日本経団連資源・エネルギー対策委員会委員長、井手明彦（三菱マテリアル会長）は十月七日、都内のシンポジウムで「電力不足が顕在化する中で化石燃料の調達に向けた交渉の切り札に原発はなお必要で、今後も従来どおり原発を基幹電源として扱うべきだ」と話した。井手の発言は経産省の調査会における榊原の主張と一致しており、一企業よりも経団連としての原発の見方を示すものだった。脱原発派の学者や市民団体による提言も多くなり、基本問題委員会での議論を元に場外戦の様相を呈し始めていた。

十一月十六日に開かれた基本問題委員会では、国際エネルギー機関（IEA）事務局長のファン・デル・フーヘンが講演した。フーヘンは日本が今後、原子力発電所の新増設を見送った場合、二〇三五年の天然ガス輸入額が年間で約六兆二千億円に上るとの試算を公表したうえで、「原子力にノーと言う場合は代替コストをしっかり考えるべきだ」と指摘した。IEAは経済協力開発機構（OECD）参加国を中心にした先進国、中進国で構成され、「エネルギー政策全般にわたる知見で高い国際的評価を得ている」（外務省）。日本国内でもその政策提言は、大きな影響力があった。

フーヘンは講演で、東京電力福島第一原発事故の影響でドイツやスイスなど多くの先進国が原発廃止に向かったとし、OECD加盟国がすべての原発新増設を取りやめ、OECDに加盟しない新興国も福島原発事故前に比べ原発設置計画を半減させる可能性にも言及した。

さらに化石燃料資源への需要が集中し、世界的なエネルギー安全保障が不安定になると主張。水力や風力などの再生可能エネルギーの大幅な増加を見込むものの、「地球温暖化への対応も困難になる」と述べた。このＩＥＡによる講演は政界でも広く共有され、民主党、自民党の原発維持派に大きな影響を与えた。

電力に牙をむく経産省

原発比率の議論が進む中、枝野経産相は発送電分離などを議論する「電力システム改革専門委員会」と、国内の燃料政策を検討する「天然ガスシフト基盤整備専門委員会」の両委を同調査会の下に設置することを基本問題委員会の場で発表する。

経産省は事故を契機にこれまで劣勢だった電力会社との力関係の逆転を一気に狙い始めた。電力の自由化を巡っては通産省と電力は元々犬猿だった。このあたりは既に何度も語られているため、ここで詳述はしないが、二〇〇〇年代に経産省が目指した電力完全自由化も、電力会社の政治力に潰され家庭向けは実現せず、工場や商店などの大口向けにとどまっていた。その改革の挫折を経験した官僚も数年を経て課長級の幹部として残っていた。

規制官庁と対象企業は本来の力関係で言えば、規制官庁の方が圧倒的に強い。政治からの圧力という手段が、原発事故後にほぼ封じられた電力会社は総括原価の廃止、発送電分離などの現在まで続く、電力業界の改革案を次々にのまされていった。

通常、商品は需要と供給の関係で価格が決まるが、電気やガス、水道などは公共性が高く、純粋な競争になじまないため、価格は「総括原価方式」とよばれる仕組みが導入されている。人件費や燃料調達費などのコストも原価として電気料金に上乗せできたため、大きな建設コストと長い時間のかかる原子力の拡大に役立ってきた。

枝野に元官房長官の仙谷由人らも加えた政治家やブレーンたちがこれらの改革を立案し進めていった。

コスト等検証委員会

民主党政権が着手したもう一つの重要な施策に電源別発電コストの再検証がある。政府内に「コスト等検証委員会」という有識者会議を置き、原発だけでなく再生可能エネルギー、火力の発電単価も改めて洗い出した。

狙いは「原発が最も安い」という国や電力会社が事故後も繰り返していた従来の「定説」を覆すことであった。事故賠償額の膨張、交付金という名の過剰な立地自治体への「アメ」が東京電力福島第一原発事故後、連日報道されていた。原発が最も安価なコストの電源であるのか、従来の主張には国民を含めて疑念が生じていた。

政府は原発事故直後の一一年七月二十九日に開催したエネルギー・環境会議において「コスト安とされてきた原子力発電単価等の徹底的な検証」を打ち出していた。

これまで再生可能エネルギーも含めた統一基準による試算はなく、コスト比較が難しかった。電源別のコストを改めて示すことは、国民にどの電源構成がベストミックスであるのか大きな参考材料を提供することにもなる。

一一年十月から十二月までの三カ月の議論を経て結論はこうなった。

原発については「事故賠償費用」と隠れたコストと呼ばれた地元への交付金などの「政策コスト」を加えた。これらは二〇〇四年の試算（原子力一キロワット時五・九円）ではなかったものだ。原子力はこの事故費用などを加味し、一キロワット時あたり下限で八・九円と二〇〇四年の試算に比べ約五割も高くなった。コストの優位性は相対的に大きく下がった。

原発事故を踏まえた賠償コストは、政府の東電に関する経営・財務調査委員会報告に基づき、損害賠償など事故費用を約五兆八千億円と仮定した。ただこのときの試算は除染費用の一部や放射性物質の中間貯蔵施設の建設費などは含んでいない。事故に伴う廃炉費用は現在も未確定だ。このため八・九円は「あくまでも下限」で、費用が一兆円増えるごとに一キロワット時あたり〇・〇九円コスト増になるとした。事故費用を二十兆円とした場合の原発の発電コストは十・二円となり、実際二〇一七年には経産省の試算で発電コストは十円を超えた。

エネルギー原案三案

総合資源エネルギー調査会基本問題委員会では半年以上の激しい議論が交わされたものの、

脱原発と原発維持派の溝は埋まることはなかった。

一二年三月十四日に各委員が二〇三〇年における電源別発電構成の組み合わせ案をそれぞれ示したが、焦点となっている原子力発電の比率については委員間で〇〜三十五パーセントまで八案が示され、大きく意見が分かれた。

阿南久ら六人の委員は二〇三〇年時点で原子力発電の割合を〇パーセントと提示した。

産業界は二〇一〇年度発電実績と同規模の二十五パーセントを提案した。「東日本大震災でも女川原発などでは福島第一原発のような事故にはなっていない」（三井物産会長槍田松瑩）というものだった。

阿南らは同委の下に二〜三の分科会を設置し、維持派と脱原発派の委員が別々に選択肢を策定することを求めたが、委員長の三村は「原発推進と脱原発の二項対立をさらに拡大するだけだ」と述べ、同委で議論を続けるように裁定した。

五月二十八日の委員会では八案を集約させて二〇三〇年時点の発電量に占める原発比率を〇、十五、二十〜二十五パーセントの三案の選択肢とすることで最終合意した。当初あった三十五パーセント案は委員の反対が相次いだため、三村の裁定で外した。

同委は一一年九月の設置当初は、電源構成は一つの案とする予定だった。三案の選択肢を提示することで脱原発派、原発維持派の双方に配慮し、最後は政治判断に委ねることにした。三村は会合後、記者団に「(脱・維持の）二項対立は今だってある」と認めたうえで「海図のない

図8　電源別発電構成の組み合わせ案

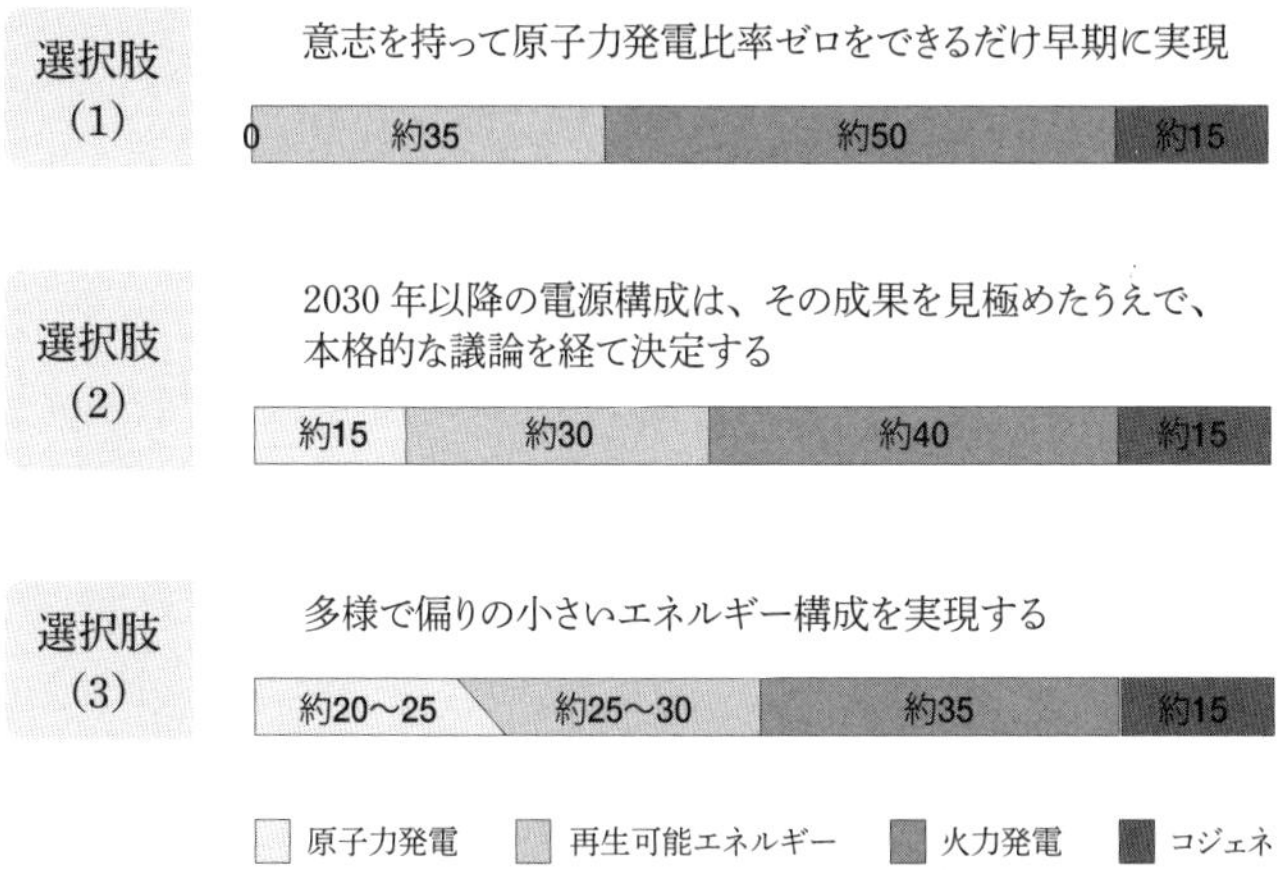

※経産省資源エネルギー調査会による

議論だった。先が見通せなかった」と率直に感想を述べた。

その後、七月にかけて最終的な三案がまとまった（図8）。

枝野は三案に絞り込んだことに謝意を示したうえで、今後は国家戦略相が議長を務めるエネルギー・環境会議で三案をどう絞るか決定する意向を表明した。

核燃料サイクル政策の選択肢

原発事故後、原発比率と並ぶ原子力政策の大きな争点は核燃料サイクルであった。核燃料サイクルに関する選択肢を担ったのは原子力委員会である。

民主党政権は将来の原子力比率は経済産業省の総合資源エネルギー調査会

に議論させ、使用済み核燃料を再処理して再利用する核燃料サイクルのあり方については原子力委に委ねた。結論を言えばここで半世紀以上の国の原子力の歴史において初めて核燃料サイクル政策のあり方に本格的なメスが入ることになる。ただ原子力委が電力会社などを非公式に招いて意見交換した会合が官民癒着の「秘密会議」として批判され、結局は正式な政策として採用されることはなかった。その顚末をここに詳述する。

原子力委は有識者でつくる小委員会を設置した。経産省とほぼ同時期の一一年十月に初会合を開いた。座長を務めたのは、原子力委員長代理の鈴木達治郎であった。

東大、マサチューセッツ工科大で原子力を学んだ鈴木はサイクル政策に厳しい姿勢の論客としても知られていた。鈴木は小委員会の有識者に東京大教授松村敏弘ら計六人を選んだ。サイクルの技術確立の困難さやかかるコストを再検証し、メリット・デメリットを議論。一二年六月に報告書をまとめた。その中で使用済み核燃料は再処理するよりもそのまま埋めて捨てる「直接処分方式」が将来的に最も安価で経済合理性があることを明記。また三〇年時点で原発をゼロにする場合は再処理事業を放棄し、三〇年十五パーセントの場合は再処理と直接処分方式を併用することを提案した。

第一章でも詳述した通り、サイクル政策は天然資源の乏しい日本の国是だった。しかし六ヶ所村の再処理工場の費用試算は当時、既に十九兆円にも上り、担当官庁である経産省や文部科学省内からも「コストが高すぎる」との指摘が絶えなかった。若手官僚たちが「十九兆円の請

求書」という文書をつくり、六ヶ所村の中止を上層部にかけあう内紛のような出来事まで起きた経緯があった。

「秘密会議」問題

しかし一二年五月、ある事件が起きた。

原子力委は報告書の策定過程において「勉強会」と称してコスト試算や、再処理事業の継続ないし断念した場合の政策的影響について電力会社や原発メーカーを招いて非公式にデータの提供を受けて議論していた。その会合のテープや映像が新聞やテレビに漏れ、官民が裏で癒着しながら政策を練った「秘密会議」だったとして大々的に報道されたのだ。

当時の報道は国会でも問題視され、政府の検証委員会は「勉強会は不適切と言わざるを得ない」と結論づけた。原子力委の権威は失墜し、第一章で詳述した自民党政権による権限の大幅縮小にもつながった。そのため民主党政権はその後にまとめる「革新的エネルギー・環境戦略」の策定に向けた「国民的議論」の選択肢において採用しなかった。

国家戦略相の古川元久は「疑義を招くようなやり方がされたことは遺憾だ」とした。

ただ小委員会の報告書は核燃料サイクルが最も安いという「タブー」に正面から向き合ったものであった（**図9**）。十五パーセント時点における選択肢も最終的に再処理と直接処分の併用となったが、当時最も有力視されていた十五パーセントのシナリオに併用で直接処分の文言が

図9　原子力委員会の小委員会による報告書の主な論点

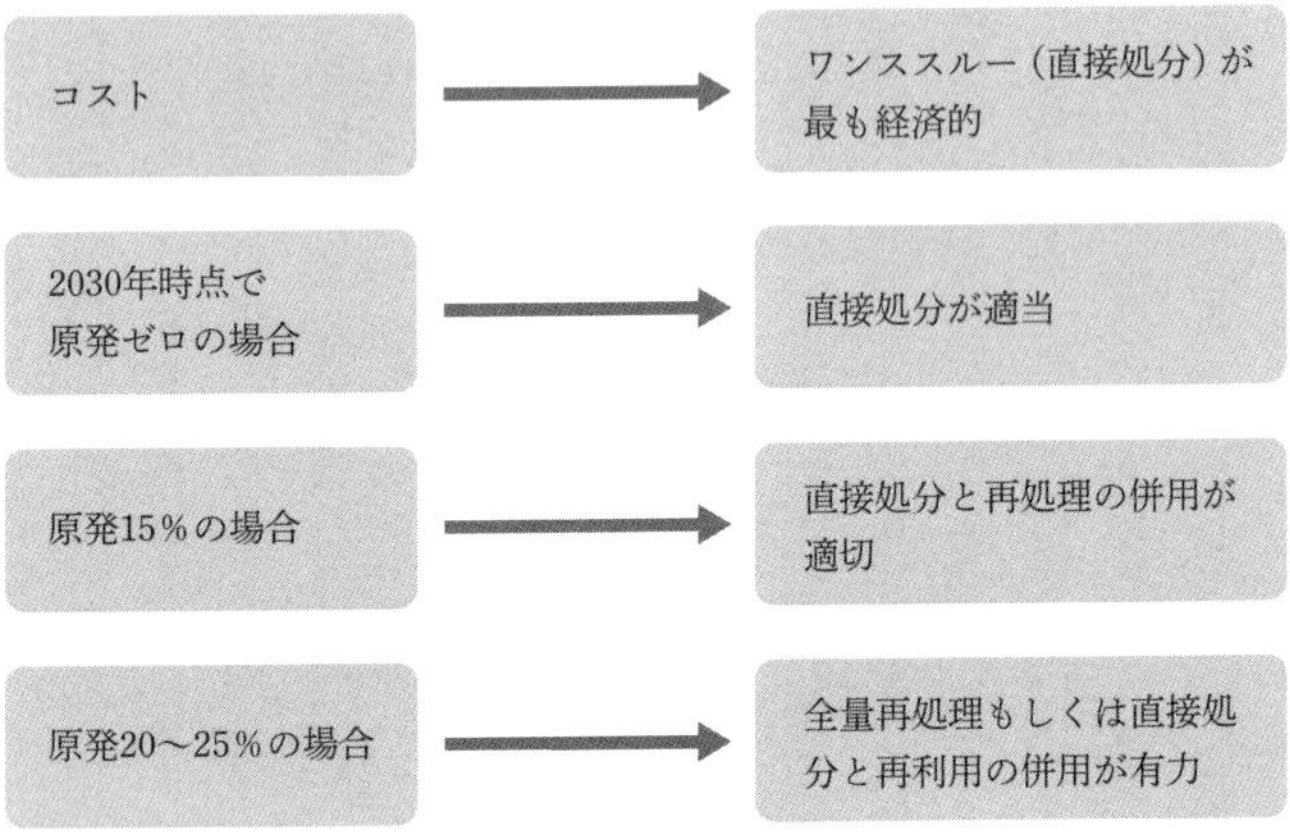
コスト
ワンススルー（直接処分）が
最も経済的
2030年時点で
原発ゼロの場合
直接処分が適当
原発15％の場合
直接処分と再処理の併用が
適切
原発20〜25％の場合
全量再処理もしくは直接処
分と再利用の併用が有力

入ったこと、さらに直接処分が最もコストが安いことを示したことはサイクル政策推進の本丸である原子力委員会としてはある意味で革命的な出来事であった。

官民が癒着したならば当然、核燃料サイクル維持が政策的な選択肢として最も有力となるべきであったが、報告書はそう結論づけていない。

そもそも「秘密会議」と呼ばれた会合は内閣府庁舎内の「出入り自由」の会議室で開かれていた。この場で電力会社や経産省は核燃料サイクル政策の見直しにつながるような政策転換には猛反発したため、あたかも裏の会議のように見えた。秘密の会合であるならば、霞が関のど真ん中の役所で、施錠もしない部屋で開かれることはない。

政治家などの裏で手を回すこともできなくなったために、半ばオープンの場で注文をつけ

るということになったのが実態だ。実際、ある東電副社長経験者はこう振り返る。

「昔は政治家を訪ねて役所への苦情を言えば、目の前ですぐに電話してくれた。事故後、話は聞いてくれるだけで何もしてくれないどころか、苦言まで呈される始末だ」。

むしろ政策的な落としどころを探ろうと根回ししたにすぎなかった。どのような政策形成でも事前協議というものはある。

当時をよく知る原子力委にいた官僚は背景について「短い時間の中で試算をまとめるには民間が持つ実際のデータの提供を受けないと裏づけができなかった」と話す。また「会議を公開にするなど誤解のない措置は必要だった。しかし民間を無視し、根拠のない試算で方向づければ国民に嘘をつくことになる」とも強調した。

この問題の背景には「国策民営」というサイクル政策の制度的な問題があった。再処理事業は民間が担う以上、その政策の精査にも民間の協力が必要なことはやむを得ないのが当時の現状だった。座長だった鈴木は「原子力政策を検証するには役所や電力会社から独立した中立機関を設置するなどの措置が必要」と語る。鈴木の労作である原子力委の報告書は「幻」となったが、現在では直接処分が最も安価であることに異論はほとんど出なくなっている。

債務保証問題

原子力委員会において経済産業省や電力会社は、核燃料サイクル政策にやみくもに固執して

転換に反発した訳ではない。再処理事業を取りやめることは電力会社にとって重大な経営危機をもたらす恐れがあった。

電力会社は日本原燃へ巨額の債務保証をしていた。再処理工場を持つ日本原燃は民間の電力会社の使用済み核燃料を再処理するために創設された。その設立は電力会社の出資による。会長は歴代電事連会長が務め、社長も筆頭株主である東電から就く。

◇株主構成
東京電力ホールディングス(二十八・六〇パーセント)
関西電力(十六・六五パーセント)
中部電力(十・〇四パーセント)
九州電力(八・八三パーセント)
東北電力(五・七八パーセント)
中国電力(五・三一パーセント)
日本原子力発電(五・〇六パーセント)
四国電力(四・二八パーセント)
北海道電力(三・六七パーセント)
北陸電力(二・九六パーセント)

経済産業省の試算や二〇一二年の有価証券報告書によると、電力会社による日本原燃への債務保証額は約一兆円にも上っていた。将来の再処理事業のための引当金も二兆六千億円にまで達する。仮にこのまま再処理を中止して直接処分に転換し、日本原燃の事業が廃止になれば、電力会社の巨額出資は当然、焦げ付く。ただでさえ福島事故後、原発が相次いで停止し経営が急激に悪化していた。

さらに震災の前年、二〇一〇年に日本原燃は四千億円もの大幅増資を実施し、東電や関電など電力十社と日立製作所、東芝、三菱重工業が応じていた。

六ヶ所村の再処理工場は九七年に竣工する予定だったが、技術的なトラブルが相次いで未稼働のままだった。利益が出せず、運営コストもかさんでいたことが増資の理由だ。

二〇一〇年の増資で原燃を持ち分法適用会社にした関西電力の元役員は「増資は総括原価を前提とし、国とも協議して決めたものでもあった。事故前は民主党政権も原発を推しに推していたのに急に「サイクルを見直す」と言ってきた。こちらからすれば話がちがうではないかと思った」と振り返る。

国民的議論の手法

二〇一二年六月二十九日のエネルギー・環境会議直前、関係閣僚らが集まるいつものＡＮＡホ

テルで政権はサイクル選択肢の削除の方針を決めた。秘密会議の報道を受けて「国会で追及を受けると持たない」と国家戦略相の古川が切り出すと、原発事故担当相の細野豪志らも同意した。

当時、内閣官房国家戦略室にいた幹部は、その後の影響をこう振り返る。

「秘密会議で核燃料サイクルを省いたことで選択肢から原子力政策の核心が抜けた。核のオプションとか日米関係、青森の話もあった。日本の原子力政策は核燃料サイクルと一体である。事業費も十兆円を超える訳だからそれを選択肢に加えられなかったのは重大な出来事だった」。

核燃料サイクルの選択肢を除外した後、政府のエネルギー・環境会議は経産省の調査会がまとめた三案をベースに電気料金の将来予測や温暖化ガスの増減も含めた試算を加えたエネルギー選択肢を最終的に完成させた。

三案が決まる一年以上も前、政府は一一年七月のエネルギー・環境会議で広く国民に原子力政策の方向性を問う「国民的議論」の導入を決めていた。経産省や電力会社などといった従来の政策決定に代わり、国民に広く原子力政策に関わってもらう狙いがあった。ただ問題はその具体的な手法をどうするかであった。

一一年七月、当時の国家戦略相の玄葉光一郎が戦略室の幹部らを集めて意見交換を実施した。玄葉は言う。「事故を受けて国民には原子力政策への不信がある。従来の政策の決め方ではなく、透明性をいかに確保していくかが大事だ」。

戦略室ではマスコミ各社が既に実施している世論調査を整理して参考にする案も浮上した。

「各社ともに主義主張のスタンスによってバイアスがかかっているため難しい」との意見が出てこれはついえた。また国民投票も議題に上るが、「それは代議制民主主義の否定につながる」として玄葉は却下した。

結局、国家戦略室は慶大教授の曽根泰教などが政権に提唱していた「討論型世論調査」という手法に注目した。後述するが、この討論型世論調査は米スタンフォード大が一九八八年に開発した。まず無作為に討論への参加者を抽出する。次に抽出時と実際に討論会に出席する直前、そして討論後の計三回にわたって意見を聞く。これにより従来の世論調査よりも十分に考えを練って回答する点に特徴がある。

一一年七月以降、国家戦略室の担当者が関連する研究室に赴いて手法の研究などをしていたが、結局、討論型世論調査の正式採用は三案が絞り込まれた一二年七月ごろまでずれこんだ。大臣も玄葉から古川に交代していたが、古川は直接、曽根と面談し討論型世論調査の有用性を評価し、導入を決めた。

最大のネックとなるのはその時間の短さであったが、一年前から国家戦略室の担当者らが曽根研究室を訪ねていたこともあり蓄積はあった。改めて曽根らに可能であることの言質を得て、実施することになった。全国への意見聴取会と題する従来型の説明会も併用することにした。

民主党政権は事故直後から「「反原発」と「原発推進」の二項対立を乗り越えた国民的議論を展開する」、「国民各層の意見を聞きながら、国益重視のエネルギー戦略を実現する」と打ち

出していた。従来のようにエネルギー政策を省庁に委ねるやり方ではなく、直接的な国民の意見をより反映させようと試みたのだ。

十五パーセント案で政府は楽観視

政権は二〇三〇年時点十五パーセント案が最も現実的とみていた。実際に政権幹部らは「日本人は真ん中を選択する傾向にある」と周囲に述べていた。細野も五月二十五日の閣議後会見で「十五パーセント案がベースになる」と発言している。

十五パーセント案は原発を新増設せず、四十年を経た原子炉を廃炉にした場合の水準となる。電気料金などへの負担も原発ゼロに比べて少なかった。

さらに十五パーセント案では、原発依存度のあり方を三〇年時点で再生可能エネルギーや省エネの普及・進展をみて再考するとしており、脱原発・原発維持のどちらにも解釈でき、双方に受け入れやすい案となっていたからだ。

一方で三〇年までに原発比率を〇パーセントとする案はまだ廃炉時期を迎えていない原発も停止するなど、強制措置を伴わない限り実現は難しいものだった。法改正や電力会社、地元自治体などへの救済措置を含めて現実的ではなかった。

一〇年度実績並みの二十～二十五パーセントの原発比率も新増設や稼働率の増加が伴う。自治体の再稼働同意が難航している中でハードルが高い案であった。

意見聴取会

「国民的議論」のうちまずは全国十一カ所における意見聴取会が先行して始まった。初回は七月十四日、枝野の膝元、さいたま市で開かれた。約百七十人が出席し、公募で選ばれた九人が意見を表明した。焦点の原発を巡っては基本問題委員会同様に「ゼロ」と「維持」で意見が分かれた。

原発ゼロの選択肢を支持した千葉県松戸市の男性はマイクを握って語気を強めて言う。「福島第一原発事故で広がった放射線の影響を考える必要がある。放射能のリスクを現実的に選択肢に盛り込む必要がある」。

原発比率を維持すべきだと主張した茨城県内の男性は「再生エネや省エネの導入には不確実性が大きい。安定した電力供給が損なわれると、国民の生活を壊す」と理由を述べた。枝野や経産省幹部らは黙って意見に耳を傾けていた。

意見聴取会では政府側があらかじめ選んだ参加者だけに発言機会が与えられた。そのため、会場からは「ほかの傍聴者からも意見を聞いてほしい」との声が上がり、枝野がとりなす場面もあった。討論型世論調査が実施される直前の八月四日まで全国で意見聴取会を開き、内閣府や経済産業省、環境省の政務三役が必ず出席した。

ここでもまた事件が起きた。意見聴取会に電力会社の社員が応募して、原発維持の意見表明

をしていたのだ。例えば七月十六日の名古屋市では発言に立った中部電力の男性社員が「個人として来た」と前置きし、「福島の事故で放射能で亡くなった人は一人もいない」と語っていた。ほかの数カ所の会場でも同様のことがあった。発言者の選出法や聴取会の運営に批判が集まった。結局、政権は電力会社とその関係者を意見表明の機会から除外した。

古代ギリシャ以来

「政府が国策の重要課題で討論型世論調査を実施した。これは古代ギリシャ以来のことだ」。討論型世論調査の考案者、スタンフォード大教授のジェイムズ・フィシュキンは八月五日、同調査実施後の記者会見で興奮気味に強調した。

先述した通り、討論型世論調査はまず無作為に選んだ参加者を対象に電話やアンケートで通常の世論調査を実施する。その後、参加者を合宿形式で集める。テーマに関する資料を読み、小グループでの討論や主張の異なる専門家らとも質疑応答を繰り返す。そして最終的に意見が変わったかを分析する。

民主党政権が今回の世論調査を基にエネルギー政策を策定することについて、フィシュキンは古代ギリシャの直接民主制になぞらえたのだ。

フィシュキンは続けた。

「今まで十八カ国で討論型世論調査をしてきたが一国の政府が国策で重要なことを討論型世

図10　2012年に実施された討論型世論調査の流れ

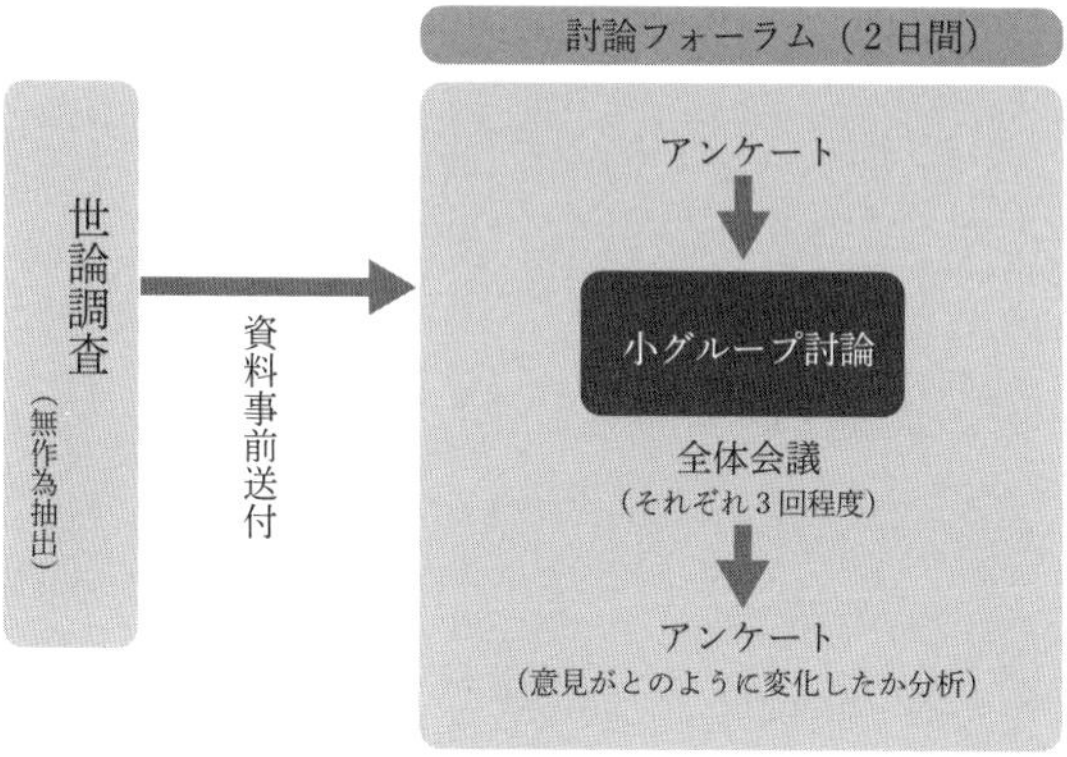

論調査で聞いた。これは重要なことだ。今回の討論型世論調査は民主主義の二千四百年の長い歴史の中で初めて国の政府が主催して行ったもの。古代アテネでは無作為抽出で議員が選ばれ意思決定がなされた。今回も無作為抽出で参加者が選ばれた」。

その「ギリシャ以来」の討論型世論調査は東京都内の大学で八月五、六日の二日間の日程で実施され、二百八十五人が臨んだ。参加者は十五人程度のグループに分かれ、原発依存度や再生可能エネルギーなどについて意見を交わした。その一部の様子はメディアにも公開された。

大学内の小教室に集った参加者らは「電気代が上がるのは嫌、でも原発は止めろではない物ねだりだ」、「原発に絶対安全はない」と討論を重ねていた。

大会場では経産省の総合資源エネルギー調査

郵 便 は が き

おそれいりますが切手をおはりください。

101-0052

東京都千代田区神田小川町3-24

白 水 社 行

購読申込書

■ご注文の書籍はご指定の書店にお届けします。なお，直送をご希望の場合は冊数に関係なく送料300円をご負担願います。

書 名	本体価格	部 数

★価格は税抜きです

(ふりがな)

お 名 前 (Tel.)

ご 住 所 (〒)

ご指定書店名（必ずご記入ください）	取次	（この欄は小社で記入いたします）
Tel.		

『原子力と政治』について	(9827)

■その他小社出版物についてのご意見・ご感想もお書きください。

■あなたのコメントを広告やホームページ等で紹介してもよろしいですか？
1. はい（お名前は掲載しません。紹介させていただいた方には粗品を進呈します）　2. いいえ

ご住所	〒　　　　電話（　　　　）		
（ふりがな） お名前	（　　歳） 1. 男　2. 女		
ご職業または学校名		お求めの書店名	

■この本を何でお知りになりましたか？
1. 新聞広告（朝日・毎日・読売・日経・他〈　　　　〉）
2. 雑誌広告（雑誌名　　　　）
3. 書評（新聞または雑誌名　　　　）　4.《白水社の本棚》を見て
5. 店頭で見て　6. 白水社のホームページを見て　7. その他（　　　　）

■お買い求めの動機は？
1. 著者・翻訳者に関心があるので　2. タイトルに引かれて　3. 帯の文章を読んで
4. 広告を見て　5. 装丁が良かったので　6. その他（　　　　）

■出版案内ご入用の方はご希望のものに印をおつけください。
1. 白水社ブックカタログ　2. 新書カタログ　3. 辞典・語学書カタログ
4. パブリッシャーズ・レビュー《白水社の本棚》（新刊案内／1・4・7・10 月刊）

※ご記入いただいた個人情報は、ご希望のあった目録などの送付、また今後の本作りの参考にさせていただく以外の目的で使用することはありません。なお書店を指定して書籍を注文された場合は、お名前・ご住所・お電話番号をご指定書店に連絡させていただきます。

図11　30年原発ゼロ支持者の推移

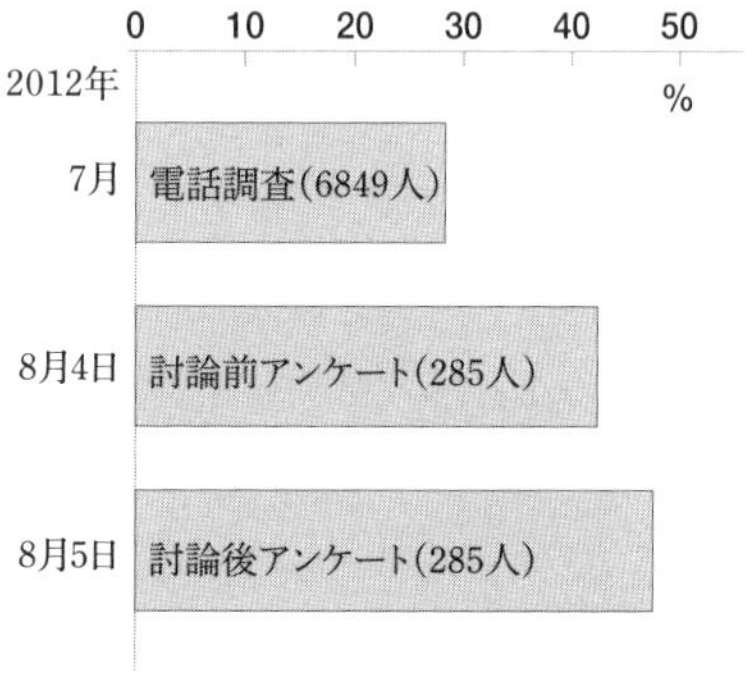

※ 285人は討論型世論調査の参加者

会の委員はじめ大学教授ら専門家と質疑応答を実施した。一連の調査終了後、愛媛県から来た女性は「参加者に年配の方が多かった」と述べ、若年層がもっと参加すべきだったと感想を述べた（**図10**）。

「想定外」の原発ゼロ

調査の結果は政権にとって想定外のものとなった。原発ゼロが討論開始前は四十一・一パーセントだったのに対して終了後は四十六・七パーセントにまで増えて最多となったのだ（**図11**）。これを受けて民主党政権は「原発ゼロ」に向けた政策をまとめることになる。

原子力という国の根幹をなす政策を、短期間で調査にかけることに科学者や政治学者ら約二十五人が連名で「意見誘導にならないようにするための方策が講じられていない」などと反

対意見を経産省に提出するなど批判も出た。

経済産業省 資源エネルギー庁 御中

「革新的エネルギー・環境戦略の策定に向けた国民的議論の推進事業」の問題点について

【概要版】

本意見書の目的

政府は、「エネルギー・環境会議」の新たなエネルギー政策（革新的エネルギー・環境戦略）の検討方針に沿った形で、今夏、新しいタイプの討論会を計画しています。仕様書には明記されていませんが、この討論会は「討論型世論調査（DeliberativePolling®）」の手法にならったものであると推測されます。

しかしながら、仕様書が示す今回の討論会の計画は、公正で効果的な議論を行なうための条件を欠いており、かりにこのままの形で実施されれば、本来の討論型世論調査とは似て非なる不適切なものとなり、世論の誘導や形だけの「国民的議論」として厳しい批判を招くことが危惧されます。

主な問題点

問題点１：意見誘導にならないようにするための方策が講じられていない

問題点２：参加者の選出の妥当性を確保する方法が示されていない

問題点３：日程的な限界がある

その他にも、現段階で公表されている討論会の計画には、いくつかの問題点があり、このまま実施されれば、国民の間に政府の取り組みへの不信感が強まり、国民的議論をかえって阻害することにもなりかねないと危惧しており、本意見書をもって、警鐘を鳴らすことといたします。

なお、本意見書は、討論型世論調査等を用いた国民的議論の推進を否定するものではありません。より丁寧な設計のもとに、また多様な手法を用いた上で、時間をかけて国民的議論を行うことを求めるものであることを付記いたします。

政府はこうした意見を受けて、討論型世論調査のあり方を検証する有識者会議を設置することにした。政府の委託を受けて調査を実施した慶大の曽根泰教名誉教授は「時間は足りなかった面はあったが、討論に必要なデータはそろえ参加者も十分に理解して議論した。客観性や中立性は確保できた」と話す。

経団連会長の中西宏明は二〇一九年一月の年頭所感で事業縮小が続く日本の原子力技術を維持するには国民的議論が必要だと述べている。事故から十年近く経った一九年段階でも再稼働できた原発は九基にとどまっていたからだ。

中西会長が提起する国民的議論について曽根は「(高速炉)もんじゅの廃炉など状況も様々に変わった。討論型世論調査をもう一度やってみるのも一案ではないか」と話す。討論型世論調査の結果は民主党政権が原発ゼロを事実上撤回したため、古代ギリシャのように実効ある政策とはならなかったものの、日本の民主主義の新しい可能性を探った画期的な試みだったと言える。

選挙と原発ゼロ

原発ゼロを求める声が調査結果に反映されそうなことを受けて、十五パーセントを有力視していた政権は急激にゼロに舵を切り出す。既に討論型世論調査に先駆けて実施されていた意見

聴取会でも圧倒的に原発ゼロが支持された。電力会社による「やらせ問題」も追い打ちをかけた。

選挙が間近に迫ったことで党も混乱していた。「国民的議論」を看板に掲げていた手前、三〇年時点で原発を維持する決定はむしろ難しくなった。

首相の野田佳彦は二〇一二年八月六日、広島市での原爆犠牲者を弔う平和祈念式典後の記者会見で、原子力発電への依存度を将来ゼロにする場合の課題を整理するよう関係閣僚に指示する考えを示した。野田は記者会見で「将来的にゼロにする場合にはどんな課題があるのか、議論を深める際には必要だ」と強調した。

ここまで早く政策に反映されるというのはまさにフィシュキンの言う通り、直接民主制のようであった。ただその決定を実際に政策として実効的なものにできるかは、政治が複雑化した現代においてはまた別の問題である。

また政権が原発ゼロに傾いた背景には、次期衆院選を見据えた打算の側面が大きかった。野田は八月八日、消費税率十パーセントへの引き上げについて民主、自民、公明三党で社会保障と税の一体改革に関する合意（三党合意）を正式に決めた。

その際の党首会談で「近いうちに解散する」と発言していた。鳩山政権、菅政権と続いた相次ぐ失政で支持率が落ちていた民主党政権にとって選挙に勝つため「原発ゼロ」を求める声が党にも閣内にも日増しに強くなっていった。

政権の支持母体の一つである連合関係者も「世論に配慮すれば、なんらかの形で原発ゼロを

打ち出さなければ選挙は戦えない」と分析し、党に伝えていた。

党の側も九月上旬、政調会長の前原誠司が意見を集約して政府側に提案する意向を表明。政府の選択肢のしぼり込みは、そのまま民主党の政権公約となる方針だった。次期衆院選の民主党としての公約と政府の政策も一体化して進むことになった。

そして原発ゼロ

「二〇三〇年代に原発稼働ゼロを可能とするよう、あらゆる政策資源を投入する」。民主党は九月六日、「『原発ゼロ社会』を目指す」とする提言を発表した。「原発ゼロ」が初めて登場した形だ。

提言は「原発を即時に止めることは現実的ではない」と指摘しながらも「運転後、四十年たった原発の運転制限を徹底する」、「原子力規制委員会が安全確認した原発のみ再稼働する」、「新増設は認めない」とする原則を明記した。

青森県の拒否権を誘発することになる、核燃料サイクルの全面的な見直しも打ち出した。

前原は記者会見で「原発をゼロにしたい。できれば三〇年代より前にした方がいい」と強調した。

党の提言と同時に、「国民的議論」にかけていた三案を絞って提示する政府の「革新的エネルギー・環境戦略」も策定作業が佳境に入っていた。

八月下旬、ＡＮＡホテルの一室で国家戦略相の古川が「三〇年ゼロ」という一枚の紙を取り出した。元官房長官の仙谷由人は「誰かに言われてやっているのか」と尋ねると、「自分で考えました。選挙のことがある。民意も原発ゼロを望んでいる」と答える。枝野も同調した。

仙谷は「社会運動じゃない。期限を切るのは無責任だ」と一蹴する。結局は党と歩調を合わせた表現である「三〇年代ゼロ」で決着する。仙谷は事故に伴う東電の賠償や国有化のスキームにも深く関わりエネルギー政策にも影響力があった。当時その場面を見ていた元経産省幹部も古川の案に「そんなこと本当にできるかな」と思ったという。

猛反発する英仏、経済界

野田は九月七日午前、首相官邸で前原と会談し、「二〇三〇年代に原発稼働ゼロを可能とするよう、あらゆる政策資源を投入する」とした民主党提言の報告を受けた。野田は「よくまとめていただいた」と述べた。政府のエネルギー・環境会議で議長を務める古川も七日の閣議後の記者会見で「党の提言は国民と思いを共有するもの。こうした結論をまとめたことに敬意を表したい」とし、党の提言を踏まえて政府方針を固めることを明言した。

もともと政府と党が擦り合わせて策定した提言であり、選挙公約ともなるものだったため、政府がそれに沿ってエネルギー・環境戦略をつくるのは既定路線だった。

いずれにせよ「原発ゼロ」が初めて公になったことは想像以上の反発を招いた。原子力を戦

略産業と位置づける英仏両国の大使が相次いで官邸を訪れ、官房長官と面談して原発ゼロの見送りを要望した。

使用済み核燃料の再処理技術が確立していない日本の電力会社はこれまで、英仏両国に再処理を委託してきた。原発政策の変更に伴い核燃料サイクル政策を転換すれば、両国は主要な顧客を失いかねない。

影響が大きいのは原子力を戦略産業と位置づける仏のアレバだ。同社は海外からの再処理受託を事業の柱の一つとするが、日本が政策転換すれば同社の経営悪化に直結する。アレバ株式の約九割を保有していた仏政府は、日本の動きに神経をとがらせた。

経済界も民主党案に批判のトーンを強めた。経団連会長の米倉弘昌は十日の記者会見で「原発ゼロという決め打ちは実現困難だ。目標を決めただけで技術の発展は望めないし、人材も流出する」と危機感を示した。

立ちはだかる米国

政権は九月に入ると、駐米大使館を通じて、討論型世論調査の結果、そして政権が原発ゼロ政策の導入を検討していることを米国務省やエネルギー省に伝えていた。米側からは「核不拡散上の問題」、「石油市場への影響」、「クリーンエネルギーへのコミットメントの影響」、「人材の喪失」などの懸念が日本政府にもたらされていた。

九月八日、米国の首脳級が直接、「原発ゼロ」に言及した。アジア太平洋経済協力会議（APEC）が開かれていたロシアのウラジオストクで国務長官ヒラリー・クリントンが野田に日本の脱原発方針について懸念を示したのだ。

発表では「関心がある」という言葉だけが伝えられたが、実際にはクリントンは日本の方針について前記四点の問題点を示したうえで、「日米の専門家レベルで協議をさせたい」という申し入れまでしていた。

そのため政権は内閣府政務官、大串博志と首相補佐官、長島昭久をワシントンに派遣した。訪米の直前、本章の冒頭で紹介したANAホテルの会合において関係閣僚らは青森県の「高レベル放射性廃棄物は受け入れない」とする強い反発を受けて核燃料サイクル政策の維持を決定していた。

九月十二日、二人は政府・民主党がまとめていた三〇年代に原発依存度をゼロとする一方で、核燃料サイクルは継続する方針について二日間の日程で米側に説明した。同月中に閣議決定する意向も同時に伝えた。その矛盾に満ちた政策についてホワイトハウスの幹部は辛辣に通告した。「脱原発を目指すなら、核燃料サイクルから撤退することだ」。

米側の担当者は語気を強めて続けた。「プルトニウムをつくり続けることは容認できない」。米国が強く警戒していたのは核不拡散上の問題だ。原発ゼロを目指すのに、使用済み核燃料を再処理してプルトニウムを取り出すサイクル政策が残ると、日本に核兵器への転用が可能なプ

ルトニウムが貯まり続けることになる。

第一章で詳述した通り、日本は非核保有国として唯一、再処理を実施している。それは日米原子力協定という米国のお墨付きによるものだ。そのため日本は原子力政策を見直す場合は当然、米国との協議が必要条件となる。

日本の米国への説明は苦渋に満ちたものであった。まず、再三にわたって核燃料サイクル政策を堅持することを強調する。

「現在ある原発は安全性を確認後、順次再稼働していくことも明記している」としたうえで、再稼働した原発で着実にプルトニウムを消費していくと主張した。

「核燃料サイクル政策については「中長期的にぶれずに推進する」という、使用済み核燃料の受け入れの際に青森県と交わした約束を尊重する」。

「青森六ヶ所村の再処理工場については竣工に向けて進めていくという従来からの政策を変更したものではない」。

「今般の決定は、グリーンエネルギーの拡大の状況、国際的なエネルギー環境情勢、国際社会との関係などの点について常に関連する情報を、米国を含めた関係国に開示しながら検証を行い、不断に見直す」。

だが、米側は「イランや北朝鮮に核不拡散を迫っている手前、整合性を欠く」と取り合わなかった。

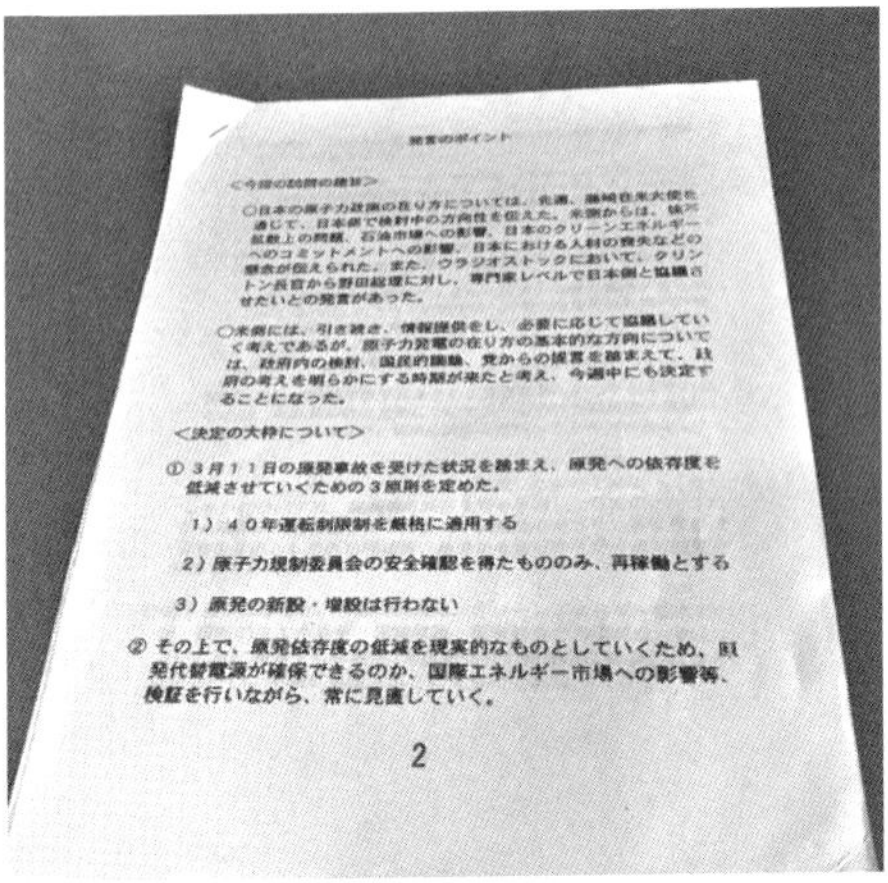
発言のポイント

○日本の原子力政策の在り方については、先週、藤崎在米大使を通じて、日本側で検討中の方向性を伝えた。米側からは、核不拡散上の問題、石油市場への影響、日本のクリーンエネルギーへのコミットメントへの影響、日本における人材の喪失などの懸念が伝えられた。また、ウラジオストックにおいて、クリントン長官から野田総理に対し、専門家レベルで日本側と協議させたいとの発言があった。

○米側には、引き続き、情報提供をし、必要に応じて協議していく考えであるが、原子力発電の在り方の基本的な方向については、政府内の検討、国民的議論、党からの提言を踏まえて、政府の考えを明らかにする時期が来たと考え、今週中にも決定することになった。

<決定の大枠について>

① ３月１１日の原発事故を受けた状況を踏まえ、原発への依存度を低減させていくための３原則を定めた。

1）４０年運転制限制を厳格に適用する

2）原子力規制委員会の安全確認を得たもののみ、再稼働とする

3）原発の新設・増設は行わない

② その上で、原発依存度の低減を現実的なものとしていくため、原発代替電源が確保できるのか、国際エネルギー市場への影響等、検証を行いながら、常に見直していく。

2

日米交渉の内部文書。米側に伝える核燃料サイクルを堅持する方針などが記載されている

米国はもう一つ重要なことも付け加えた。「米国の原子力産業はほとんどが日米合弁となっている。米国の技術も衰退する懸念が生まれる」。

米国では一九七九年のスリーマイル島の事故や電力自由化で、原子力に逆風が吹き、産業が衰退した。原発のパイオニアだったゼネラル・エレクトリック（ＧＥ）は日立製作所、ウエスチングハウス（ＷＨ）は東芝と、日本企業と組むことで、経営を維持してきた。日本が脱原発を進めれば米国が原子力分野で技術力を失う懸念があった。

資源エネルギー庁長官経験者は「米国が日本に再処理という特権を認めているのは、原子力の技術維持・開発を肩代わりさせるという意図もある」と分析する。会合では米側の主張はさらに続いた。「原発から撤

退すれば、その分は石油や天然ガスで賄うことになる。中東で資源獲得競争が激しくなるのではないか」。

米側は「内政干渉になるから、あくまで日本政府の判断だ」と前置きしながら「これはキャビネット・デシジョンという形にするのか。もっと柔軟にした方がいい」と求めた。

日本側はこれ以上反論することはせず、米側の主張を官邸に電話で急報することとした。米国が一方的に日本の核燃料サイクル政策に注文をつける過程は、一八年に日米原子力協定を延長した際と同じ構図だった。青森と米国が拒否権を発動したことで原発ゼロの形骸化は決定的なものとなった。

事実上の撤回

米国との協議がちょうど終わった頃、経団連会長の米倉は野田に直接電話した。「(戦略は)了承できない。今後の政府の会合はボイコットする」。

米国に派遣された長島も九月十三日、「複数の米政府高官から原発ゼロの実現性を疑問視する意見を投げかけられた」、「米国は柔軟に見直せる決定方式を求めている」と首相らに報告した。首相は最終的に原発ゼロには「柔軟に対応」する方向に舵を切ることになる。

十四日午前、首相官邸の野田の執務室に副総理の岡田克也、枝野、細野ら関係閣僚が集まった。一時間にわたる議論でようやく「革新的エネルギー・環境戦略」の文案を固めた。

内容は米国や青森など各方面に配慮した妥協の産物となった。「原発に依存しない社会の一日も早い実現」をうたう一方、安全性を確認した原発の再稼働や使用済み核燃料の再利用事業の継続なども明記。原発の廃棄と維持の両論を併記した。

「内政干渉はしないが、キャビネット・デシジョンかどうかは検討した方がいい」という米国の要望も俎上に上った。

次期総選挙後も「白紙とならない」拘束力を持たせるために閣議決定を目指していたが、副総理の岡田も長島らの報告を踏まえ、米国との関係を重視し、閣議決定の見送りを主張する。枝野は閣議決定について本文の概要をまとめた一枚紙のみとすることを提案した。

戦略の本文に明記されている脱原発にかかる費用について財政上の措置を要するにもかかわらず、財務大臣がエネルギー・環境会議のメンバーになっていないとの問題意識からの提案だったという。

結局、「二〇三〇年代に原発稼働をゼロ」とする革新的エネルギー・環境戦略の本文は参考文書にとどめ、政府が十九日、閣議決定したのは「エネルギー・環境戦略を踏まえて、関係自治体や国際社会等々と責任ある議論を行い、国民の理解を得つつ、柔軟性を持って不断の検証と見直しを行いながら遂行する」との基本方針のみとなった。

冒頭の一枚紙のみの閣議決定という手法は「閣議決定を見送った」と前日から大々的に報道されることになった。実際には閣議決定の形態は様々であり、本文ではなく添付した要旨だけ

を対象とする場合も多くある。

ただこのときは閣議決定のあり方の実態よりも、「閣議決定しなかった」とリークされ、事前に大きく報道されたことが影響力を持った。

結局、脱原発派からは「米国や青森県に配慮した中途半端な政策だ」とされ、原発維持派からも「日米の外交関係を損ない、長年培ってきた原子力技術を衰退させる」などと双方から批判されるものになった。

当初戦略の原案にあった重要な文言も抜け落ちた。原発ゼロに向けた取り組みの法制化である。当初の案には「政府はすべての国民がこの新たなエネルギー社会の創造に参加できるよう、責任を持って政策転換を行う。その着実な実現に向け、国や地方の責務や実行体制などを盛り込んだ「革新的エネルギー・環境戦略推進法案（仮称）」を速やかに国会に提出する」とあったが、政権内で検討された結果、最終的には法制化の文言そのものが削除された。

野田は十四日のエネルギー・環境会議のあいさつで「原発ゼロ」という言葉は使用しなかった。代わりに「エネルギーの展望を確定的に見通すことは不可能だ。あまりに確定的なことを決めるのはむしろ無責任な姿勢だ」と主張した。

ちょうど原発の安全や規制を受け持つ原子力規制委員会が発足した折だった。野田は再稼働の是非に「政治が介入すれば独立性を損なう」と語った。

数日で噴出した矛盾

原発ゼロ方針はすぐにほころびが目立ち始めた。新戦略は高速増殖炉「もんじゅ」について「年限を区切った計画をつくり、研究を終了する」と決定。いずれ廃炉とし、高速増殖炉の実用化を事実上断念した。

にもかかわらず、九月十八日に文部科学相の平野博文は「もんじゅ」を抱える福井県知事の西川一誠を訪ね、「従来と大きく変更したつもりはない」などと開発継続の方針を伝え、存続する意向を示した。

また四十年廃炉の原則を守りつつ三〇年代に原発稼働ゼロを実現するには、原発を新設できない。しかし青森県を訪れた枝野は十五日、建設中の大間原発の建設継続と稼働を認める意向を示した。

枝野は青森県知事の三村申吾、六ヶ所村長の古川健治らと青森市で会談した。「既に建設の許可が出ている原発の扱いを変更することは考えていない。国が責任を持ってプルサーマルを引き続き進めていく」とも明言した。

結局二項対立

一連の騒動から二カ月後、十一月十四日夜に開かれた経済産業省総合資源エネルギー調査会基本問題委員会。脱原発派と原発維持派の熱のこもった議論が一年にわたって繰り広げられた

象徴的な場だった委員会で「みなさんの意見が一致することは始めから考えていない」と枝野が発言すると、会場は一瞬静まりかえった。

一年以上も時間をかけた議論で政権が掲げていた「原発維持」と「反原発」の二項対立を解消できなかった事実を率直に認めた言葉だった。

枝野の発言には委員長三村が「ますます混乱した」と苦言を呈した以外は文句も出なかった。この直前に野田佳彦首相が年内の衆院総選挙を明言していた。「政権に何を言っても、もはや無駄」（委員の一人）と皆が考えていたからだ。

委員会の目的は二〇三〇年時点で原発依存度を五割とする鳩山政権の計画を見直すことだった。二〇一一年十月三日に初会合を開き、経済界から消費者団体まで原発のあり方に多様な意見を持つ委員を集めたのが「売り」だった。

しかし、十四日の議論では、脱原発派の原子力資料情報室共同代表、伴英幸が「原発をゼロにするためにはどうしないといけないか議論すべき」と述べると、維持派の日本エネルギー経済研究所理事長、豊田正和は「原発ゼロは大変危険で、再考すべきだ」と主張。一年前と変わらない光景だった。

枝野は十四日の会合でこうも述べた。「原子力規制委員会は内閣から独立している。何年にいくつ（原発が）動いているか、前回の基本計画のように数字を入れることは制度的に不可能だ」。

脱原発派も維持派も目は次の政権に向いていた。現政権でのエネルギー基本計画の具体化は

名実ともに宙に浮いた。

ただこの枝野の発言は実に的を射ていた。自民党政権で二割を掲げた原子力比率は十年近くを経ても九基稼働にとどまったからだ。枝野の言葉は同時に、原子力政策における主導権はもはや経済産業大臣および省にはないという大きな転換を認めた言葉でもあった。

第三章

夢に終わった資源自給

廃炉が決まった高速増殖炉原型炉「もんじゅ」(時事)

降ろせない研究継続の旗

二〇一八年十二月二十一日朝、首相官邸三階の会議室では原子力関係閣僚会議が開かれていた。同会議は自民党政権において原子力の重要課題を決めるときにのみ開かれる。官邸で実際に閣僚が出席して開催したのは高速増殖炉原型炉「もんじゅ」の廃炉を決めた二〇一六年十二月以来、二年ぶりだった。

会議の最後は官房長官、菅義偉の宣言で締めくくられた。「我が国は核燃料サイクルを推進し、高速炉の研究開発に取り組む。関係者が相互の連携を強化することが不可欠だ」。

このとき政府が決めた文書があった。もんじゅに代わる高速炉開発の工程を示した「戦略ロードマップ」だ。ロードマップは二十一世紀半ばまでに高速炉を実用化することをうたい、もんじゅを廃炉にしたにもかかわらず、高速炉の開発は継続することを明記した。

すんなり決定されたかに見えたロードマップだが、裏には高速炉開発の是非を巡る政府内のひそかな攻防があった。

「高速炉はもう政策として放棄してはどうなのか」、「それはできない」。原子力関係閣僚会議のわずか数週間前である二〇一八年十二月上旬。外務省内の会議室で同省と経済産業省の担当

図12　高速炉開発の段階

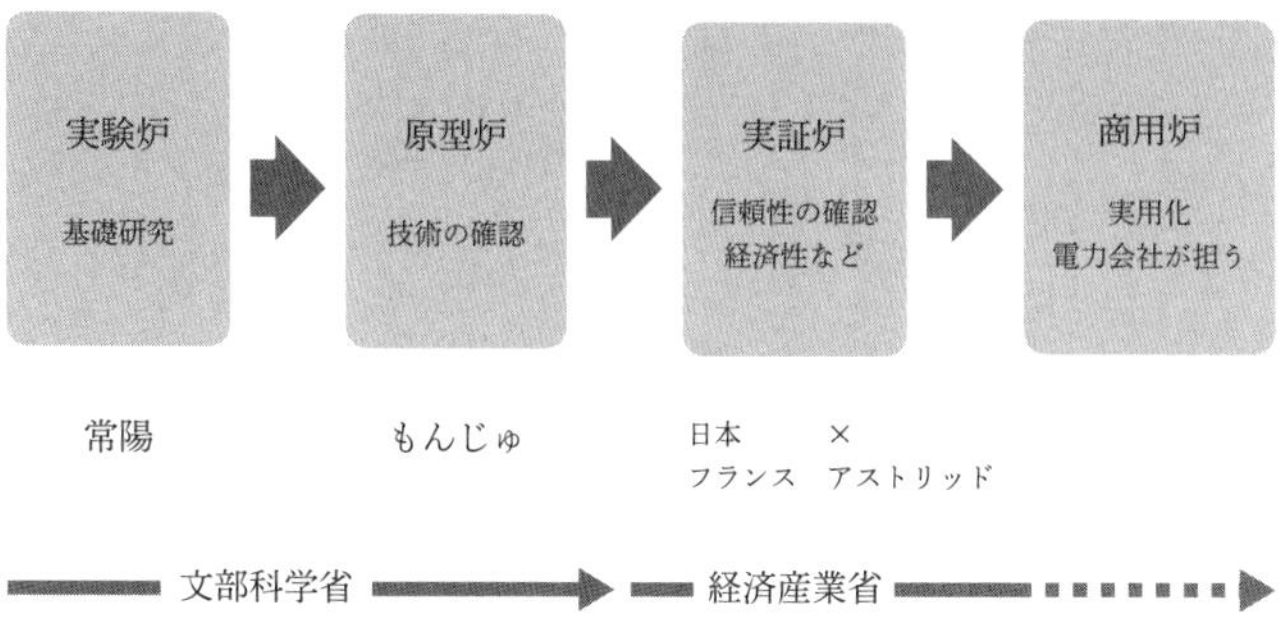

者が駆け引きを続けていた。議論の対象はロードマップの原案だった。

ここで高速炉について説明を加えたい。高速炉は「次世代型原子炉」の一つと分類される。原発で使用した核燃料を再利用して発電する。さらに高速中性子を使って核分裂反応を起こさせ、核燃料となるウランの増殖や放射性廃棄物の毒性を低減できるとされた。

日本の高速炉開発は一九五六年に原子力委員会が策定した「原子力開発利用長期計画」においてその実用化を明示して始まった。資源の乏しい日本がウランを増殖できれば、エネルギー自給率が大幅に改善する。高速炉は「夢の技術」と宣伝され、国策となった（**図12**）。

もんじゅは八五年に建設が開始されたものの、九五年に冷却に使うナトリウムが漏れる事故があったうえ、現場の映像をカットするなど隠蔽工作があったため、「事故を事件にした」と大きな批判を浴びた。その後

も炉心に装置を落下させる事故や安全機器の点検漏れなどの不祥事が相次いだ。一一年に起きた東京電力福島第一原発事故の影響もあり、一六年十二月に政府はついに廃炉を決定した。ただ政府はもんじゅは廃炉にしても海外協力などにより高速炉開発自体は続けるとした。

経済産業省と文部科学省はその後、二年かけて日本の高速炉開発の方向について議論を重ねた。ロードマップの原案は両省が大筋で合意していたものの、戦略決定の直前になり、原子力関係閣僚会議のメンバーである外務大臣、河野太郎が異議を唱えたのだった。

河野外相の意見

「ウランは現状では余っている。高速炉を開発する必要性はあるのか」、「再生可能エネルギーがもっと拡大して原子力が力を持たなくなる可能性もある。見直しを柔軟にできるようにしてほしい」。大臣の意向を受けた外務省の担当者は矢継ぎ早に経産省に要求する。

さらに外務省は将来のある段階で高速炉の「是非を確認する」という文言を入れてはどうかと提案した。経産省側が語気を強めて反論した。「「非」は入れられない。青森との関係上「非」はやめるということになり明記できない。あくまでも見直しとか、立ち止まるとかの文言であればいいが」。

しばらく応酬が続き、経産省側は言った。「そもそも高速炉開発を続けるという方針を決めた一六年の会議に外務省も出席して合意している。そこはいまさら覆らない」。

一六年十二月のもんじゅ廃炉決定時、もんじゅは廃炉にしても高速炉開発自体は継続することを政府は決定していた。一六年当時は原子力関係閣僚会議の構成員である岸田文雄外相がこの方針に賛同していた。経産省はそのことを指摘したのだ。

外務省は最終的に折れ、高速炉開発の継続に同意した。それでも経産と文科両省が作成した原案には「高速炉開発を巡っては様々な環境変化があり、不確実性が高まり、柔軟性がこれまで以上に重要になっている」、「各国における高速炉開発を巡る政策目的も多様化している」などの文言が加えられ、数々の修正が施された。

河野は日米原子力協定の自動延長においてもエネルギー基本計画にプルトニウム削減を明記させる役割を果たした。高速炉のロードマップでも政策形成に絡んだのだった。

外務省が高速炉の継続で矛を収めたのにはもう一つ重要な理由がある。政府には高速炉の旗を降ろせない事情があった。それは両省の協議でも話題に上った青森県六ヶ所村の使用済み核燃料の再処理施設との関係だ。

日本の核燃料サイクル政策は「二つの輪」で構成されている。まず使用済み核燃料を青森県の再処理施設でウラン・プルトニウム混合酸化物（ＭＯＸ）燃料に加工する。そのＭＯＸ燃料をプルサーマルと呼ばれる方式で通常の原発で燃料として再利用するとともに、さらに高速炉で消費する絵を描いていた。

そのため、高速炉が実用化できなければ再処理事業自体が必要なくなるのではないか、また

再処理したプルトニウムは通常の原発だけでは消費しきれないのではないか、という疑念が生まれかねない。

何より高速炉を政策として取りやめることは六ヶ所村の再処理を含めた核燃料サイクル政策の断念と解釈される恐れがあった。

青森県は再処理工場の稼働や最終処分場を見つけるまでの「中間貯蔵」として使用済み核燃料や高レベル放射性廃棄物を受け入れてきた。日本が核燃料サイクルをやめる場合、持ち込まれた廃棄物や燃料は県外に持ち出す約束を国や電力会社は青森県と結んでいる。

政府幹部は「青森が怒り出したら日本の原発はつぶれる。再稼働もできなくなり、原子力全体が危うくなる。田中真紀子科技庁長官時代や、民主党政権時代にも顕在化した問題だ」と語る。そして「だから高速炉の旗は降ろせない」と断言する。

実際、官邸におけるロードマップ決定の前に政府は青森県側に周到に根回しを行っていた。修正を要望した外相側も経産省と擦り合わせた文言について青森県知事の三村申吾に打診し、了解を得ていた。経産省も事前に核燃料サイクル担当の課長を派遣している。これは先の政府幹部の証言の通り、民主党政権が「原発ゼロ」を標榜しながらも、根回し不足から青森県からの強い反発を招き、政策撤回に追い込まれた経験に基づいた冷徹な政策判断でもあった。

経産相の世耕は「高速炉開発は我が国のエネルギーにとって重要なプロジェクト。一貫性を持った継続的な取り組みが欠かせない」と述べた。ただこのときまとめられたロードマップを

よく見れば、高速炉の実用化は一九六〇年当初に掲げられた一九八〇年代後半から二十一世紀後半と百年近くも後ろ倒しになっていた。実用化はほとんど棚上げされたと言っていい。

日本の高速炉開発が頓挫した経緯を二〇一六年に決まったもんじゅの廃炉にまでさかのぼって検証したい。

もんじゅの存廃

「互いに都合のいい話ばかりしてくる。どちらが正しいのか話を詰めないといけない」。二〇一六年六月、官房長官の菅は官邸内で側近にこう漏らした。ロードマップ策定の二年半も前のことだ。

文部科学、経済産業両省の幹部らはこのときまでにもんじゅの今後のあり方について何度も官邸に出入りし、進言していた。菅は両省間で全く調整できないまま自身に判断が持ち込まれたことに思わず苛立ちの言葉が出た。

文科省はもんじゅの存続と再稼働を、経産省は廃炉にしてフランスなどとの海外共同研究を通じた高速炉開発に転換するよう官邸に進言していた。菅は両省の調整役となっていた官房副長官補の古谷一之を通じて「それぞれの案に問題がないのか、もっと詳細に詰めてくれ」と両省に言い渡していたが、互いに主張を譲ることはなかった。

もんじゅは、知恵を象徴する文殊菩薩にあやかって命名された。出力二十八万キロワット。

研究炉であるため、出力の規模は電力会社が持つ軽水炉よりもかなり小さい。高速炉は実験炉、原型炉、実証炉、商用炉と開発を進める予定であった。もんじゅはまだ第二段階の原型炉にあたる。

もんじゅは六ヶ所村の再処理施設でつくられたプルトニウムを含む燃料を燃やしながら発電するとされた。使用済み燃料を燃焼させせながらさらにプルトニウムを増殖できる。最初は輸入したウラン資源でもまさに輪を描くように発電、再処理を繰り返せると喧伝された。六ヶ所村と並ぶ核燃料サイクルの要であり、その実用化は戦後日本が夢見たエネルギーの自給自足の重要な手段だった。

動力炉・核燃料開発事業団が一九八三年に設置許可を取得し、八五年に建設が開始され、九四年に初めて臨界したが、九五年に冷却に用いていたナトリウムの漏洩事故を起こした。その際、現場を撮影した映像をカットするなど数々の隠蔽をし、「事故を事件にした」などと批判を受けた。また一〇年にも炉心に装置を落とす重大事故を起こしていた。さらに再稼働申請後も約一万点に上る機器の点検漏れが判明するなど、原子力不祥事の象徴のような研究炉となっていた。運営主体も核燃料サイクル開発機構を経て、現在の日本原子力研究開発機構へと変わっていた。

日本が高速炉に投じた額はもんじゅだけで一兆円を超える。もんじゅの前段階である高速増殖炉実験炉「常陽」を足すとさらに数千億円膨れ上がる。もんじゅは日本の「夢」とされなが

ら、実態は日本の原子力において完全な「お荷物」となっていた。

原子力規制委の「勧告」

そしてこのもんじゅの廃炉が俎上に載ったきっかけは原子力規制委員会が一五年十一月に突き付けた勧告にさかのぼる。

もんじゅを所有する日本原子力研究開発機構は規制委に再稼働を申請していた。しかし規制委は前述のようなトラブル続きのもんじゅの運営体制を問題視。同機構を所管する文部科学大臣に対して規制委員会委員長、田中俊一が「原子力機構はもんじゅを運営する資格がない」として、代わりの運営主体を探すように求める勧告を出したのだ。

田中による勧告は、当時の報道では突然、発出されたように受けとられた。実際は勧告に至るまで三年もの間、規制委は原子力機構と文科省に対して安全対策の改善を求めていた。

二〇一二年九月に経産省原子力安全・保安院が改組され、規制委が発足した。直後の十一月に原子力機構は約一万点に上るもんじゅの安全機器の点検漏れを規制委に報告。それを受けて規制委は同年十二月に保安措置命令を原子力機構に出した。

保安措置命令とは、原子炉等規制法に基づいて原子炉の運営者に出す改善命令で、安全のために必要な措置を講じていないと判断されたときに出す。規制委が違反状態が続いていると判断している間は原子炉を運転できない。つまり、運転禁止の命令であった。

その後一三年五月にも、原子力機構のもんじゅの安全機器の点検体制そのものが不十分という理由で、運転再開の準備停止を伴う保安措置命令が出た。運転再開の準備停止とは、言葉通り再稼働に向けた作業自体を認めないとする命令であり、これにより原子力機構が目標としていた二〇一三年度中の運転再開は事実上不可能になった。機構理事長の鈴木篤之が責任を取って辞任した。

文科省は五月、原子力機構の組織体制を見直すことを目的に文科相、下村博文の直轄で「日本原子力研究開発機構改革本部」を設置する。八月にまとめた報告書では「信頼感を持って「もんじゅ」の管理運営を委ねる組織とは言い難い」とし、もんじゅの管理運営を理事長の直轄とすること、民間の電力会社から安全担当役員を招くことなどが提言された。その後も文科省はもんじゅ改革監を新設するなどの対応を重ねたが、規制委の会合ではそうした文科省の取り組みを評価する声は出なかった。

一五年に入ると、原子力機構が規制委に報告していた点検事項について記載の誤りが千カ所以上も見つかる。規制委内では田中俊一らが従来からもんじゅに厳しい姿勢を取っていた。もんじゅ推進派であった委員の田中知までも十月の委員会で「原子力機構は実施主体として適切ではない」と切り出した。田中知はその後も原子力機構への批判を繰り返した。

田中知は東大教授時代の二〇〇七年四月、原子力機構とともにもんじゅの研究開発を担う中核企業に三菱重工業を選んだ際の選定委員長でもあった。それだけにかつてもんじゅの建設に

も携わった三菱重工業原子力部門の元幹部は「田中知委員までがもんじゅや原子力機構を否定したのはショックでしかなかった。規制委はもはやもんじゅの稼働を許さないスタンスなのだと田中知さんの発言で悟った」と振り返っている。

一五年夏以降、規制庁長官や次長、規制部長ともんじゅ担当の審査官らは協議を重ねた。既に一回目の命令の際に規制庁次長から文科省研究開発局長に、二回目の命令では規制庁長官から事務次官宛てに原子力機構の保安体制や安全文化に関する意見書が出されていたこともあり、次の段階は、委員長から大臣というトップレベルで出される「勧告」しかないという結論に至る。

規制庁の事務方は「もうこれ以上は審査ができる状況ではない。勧告を出すのが適当と思います。もう勘弁してくださいという思いです」と委員らに報告を上げると、田中俊一も「分かった。それしかないだろう」と同意した。田中は文部科学大臣宛ての勧告書を早急に作成するように規制庁次長、荻野徹に指示した。

文部科学大臣に対する勧告内容は具体的には次のようなものであった。

「機構という組織自体がもんじゅに係る保安上の措置を適正かつ確実に行う能力を有していないと言わざるを得ない段階（安全確保上必要な資質がないと言わざるを得ない段階）に至ったものと考える。半年を目途として、原子力機構に代わってもんじゅの出力運転を安全に行う能力を有する者を具体的に特定する」。

「その特定が困難であるのならば、もんじゅが有する安全上のリスクを明確に減少させるよ

う、もんじゅという発電用原子炉施設の在り方を抜本的に見直すこと」。

この「原子力機構に代わる能力を有する者」という文言がもんじゅ再稼働の最大の障壁となった。

田中俊一は十一月四日の記者会見で、「原子力機構にもんじゅの運転を任せるべきではない」と改めて明言。勧告に対しては、「半年をめどに結論を示していただきたい」と注文をつけた。さらに十三日には田中委員長が直接、文科省に出向いて勧告文を馳浩文部科学相に手渡すという念の入れようであった。

従来、田中俊一の個人的なもんじゅ不要論が引き金になったと言われているが、複数の関係者の証言によると、勧告はあくまで事務方から積み上げられたボトムアップであった。

いずれにせよ、こうしてもんじゅの存廃が永田町・霞が関の議題として急浮上することになったのである。

旧科学技術庁の意地

勧告を受けても文科省側にはもんじゅを廃炉にするという考えは全くなかった。文科省は総理府原子力局を母体とする旧科学技術庁が旧文部省と省庁再編して生まれている。科技庁は原子力政策における主導権を旧通商産業省（現経産省）と常に争ってきた。省庁再編で原子力委員会の事務局が科技庁から内閣府に移り、さらに通産省が改組した経産省がエネルギー基本計

画を策定するようになったことで完全に劣勢になったものの、核燃料サイクル政策の柱だった国産高速炉の研究開発は死守したい考えだった。

ちなみに旧科技庁の所管としてはかつて原子力と並ぶ目玉であった宇宙政策も内閣府に移管され、責任者の室長は経産省からの出向者が就くなど、霞が関において影響力の強い経産省に権限を奪われ続けていた。旧科技庁のＯＢらは現職の幹部に「民主党政権でももんじゅは守った」と叱咤した。

文科大臣室で行われた勧告書の手渡しは、元プロレスラーである馳浩よりも、意気揚々と大臣室に乗り込んだ当時七十歳の田中俊一の方が大きく見えたが、もんじゅが立地する北陸選出の馳大臣は「期間内に対応できるようにしっかり取り組みたい」ともんじゅの存続に意欲を示した。

一方で原子力規制委員会が運営主体の変更を文部科学相に勧告した当の日本原子力研究開発機構の幹部は「はしごを外されたという感じで、唐突感がぬぐえなかった」と不快感をあらわにし、規制委への反発は強まっていた。

文科省は十二月二十八日には元文相、有馬朗人を座長とする「もんじゅの在り方に関する検討会」を設置し、議論を始めた。しかし検討会が九回もの議論を重ねて一六年五月二十七日にまとめた報告書は原子力機構への「強力なガバナンスが必要」、「監督官庁との緊張感の欠如」という一般的な提言に終始。さらに「もんじゅが置かれている厳しい状況を十分に認識した上

で、要件を適切に満たすことのできる体制・仕組みを備えることを期待」と結論づけるだけだった。

結局、霞が関で「有馬検討会」と呼ばれたこの有識者会議は規制委が求めた代替の運営主体について一般論だけに終始して成案を得ることはできなかった。有馬は科技庁長官も務め、もんじゅ推進の第一人者でもあったため文科省側は期待をかけていた。しかし検討会の議論は「結論も出さずに単なる時間稼ぎだ」(経産省幹部)との批判を招いただけだった。

有馬は検討会の最後に「私はせっかくここまで「もんじゅ」という、ナトリウムを冷却材として使っている新しい原子力の第一歩が踏み出されているわけだから、研究成果がきちんと出るようにしていただきたい」、「これだけ国民のお金を投入して造った装置でありますから、きちんと成果を上げてくれることを願っている」と述べて締めくくった。こうして規制委が回答のめどとしていた半年を過ぎた。

有馬は後の取材で「高速炉はロシアが既に発電している。中国もかなりやっている。なぜ日本は潰してしまうのか。日本の原子力政策は将来のために本当に心配だ」と当時の思いを振り返っている。

延命策探る文科省

回答期限を超過し、焦りを強めた文科省は事務次官、土屋定之らが対策を協議した。そして

もんじゅの運営に大手電力会社を加えることで規制委側の要望に応えようとした。具体的には原子力機構からもんじゅ部門を切り出し電力会社との協力で官民による特殊法人をつくる絵を描いた。その案は有馬検討会でも一案として文科省の官僚らが挙げていたものだった。電力会社は原子力機構に多くの出向者を送り、もんじゅの建設費も一部負担していた経緯がある。

文科省研究開発局長の田中正朗は「関係機関と意見調整する。結論がまとまれば公表する」と周囲に意気込み、馳浩大臣も「もんじゅの廃炉は考えてない」と改めて強調した。

文科省が特に期待をかけたのは関西電力だった。関電はもんじゅが立地する福井県に多くの原発を持ち、一一年の福島原発事故後は東電に代わり民間の原子力のけん引役でもあった。

しかし関電社長、岩根茂樹は電事連を通じて聞いた文科省側の打診には同意しなかった。「われわれはあくまで民間業者だから研究炉と商用炉は切り分けて考えないといけない。電力自由化もあり、環境が変わった」と電事連側に告げる。さらに岩根はこのとき、ある役員にこうも漏らした。「日本の原子力体制は推進する主体がバラバラで統一性がない」。

文科省のもう一つの頼みは日本原電だった。原電はもんじゅが立地する福井県敦賀市に原発を持ち、もんじゅ後の段階である実証炉の設計は原電が着手していた。しかし原電社長の村松衛は既に文科省の機先を制して一六年一月の会見で早々に「(ナトリウム高速炉の)ノウハウは持っていない」と突き放していたが、原電側も文科省の意向を改めて拒否した。

同社の関係者は「原発がすべて止まり、会社の収益がほとんどない状態。会社が存続をかけ

ているのに研究炉支援などできるものではない」と明かす。

電力会社に大きなパイプもなく、文科省はもんじゅの生き残りをかけた策が尽きた形となった。もんじゅを継続するにしても、実証炉以降を担当する電力会社が欲していない以上、もはや方策はなかった。電力が拒否した段階で国産高速増殖炉の道は絶たれたと言っていい。

馳も閣議後に、首相の安倍晋三に直談判を試みた。しかし安倍は「その件の詳細は今井秘書官（今井尚哉首相秘書官）に任せている」とにべもなかった。

経産省との協議

文科省は二〇一六年七月以降、電力会社に影響力のある経産省と直接、協議を重ねることにした。しかし経産省側は規制委の勧告後すぐに省内で幹部会議を開き、文科省に対して廃炉を求める方針を固めていた。省内の議論ではもんじゅの廃炉を求める理由として「電力会社の事情に配慮すべき」と結論づけられた。官邸にも、同省出身の首相秘書官を通じて「民間の再稼働に影響を与えないためにも廃炉の決断が適切だ」と促していた。

「電力会社の事情」とは、簡単に言えば、もんじゅを支える経営体力が残っていない、ということだった。

一一年の原発事故後、全国の原発は相次いで止まった。導入された新しい規制基準の下で再稼働に向けた安全対策費は高騰していた。代替の火力発電用の輸入燃料費も急増し、多くの電

力会社は赤字に陥っていた。

こうした複数の要因が重なり、電力会社は電気料金の値上げを実施したほか、再度の値上げを検討する会社も相次いでいた。電力会社は経産省に再三、核燃料サイクル維持のための負担を軽減するよう求めるようになった。

そもそも長い研究期間と膨大な費用を必要とする核燃料サイクル政策は、発電コストや研究費用を電気料金に上乗せできる総括原価方式、さらに地域分割の独占体制など電力会社の安定経営を前提としたものだ。一方で経産省は原発事故後、総括原価の撤廃や大手電力以外も家庭用の電力小売りに参入できる自由化などを推し進めた。

それは先にも指摘したが、日本の原子力・電力行政にたびたび介入し、旧通産省や旧科技庁を押さえ込んできた電力会社の大きな力をそぐためでもあった。電力改革そのものは民主党政権の枝野経産相時代に始まったものだ。その施策は自民党政権も一切変更を加えずにそのまま踏襲していた。

一六年四月に始まった家庭向け電力自由化では首都圏や関西地区を中心に電力契約の切り替えが起こっていた。

経産大臣の要請

もんじゅの存廃が焦点となる約一年半前の、二〇一四年三月。経産省は都内で東電を除く全

国八社の大手電力会社社長を招いた非公開の会合を開いた。当時の経産相、茂木敏充は電力会社の社長らに以下のような重要な要請をした。

「原発が収支悪化の要因になり、電力会社が厳しい状況に置かれていることは承知している。しかし値上げを行うことは世論の理解を到底得られない」、「とにかく今は（値上げよりも）再稼働に全力を挙げるべきだ」。

電力会社の相次ぐ値上げにマスコミや中小企業から批判が強まっていた。これ以上の値上げを許しては選挙にも影響する可能性があった。

経産省は事務レベルではさらに厳しい指導を電力会社にしていた。値上げを表明したある電力会社の役員を呼び出し、こう告げている。

「不透明な再稼働の見通しに基づく値上げ申請は不可。仮にそのような申請があった場合は料金審査の結果値上げとならないこともある」。

「再値上げ回避のためにありとあらゆる手段を取ること。そのための「アクションプラン」を検討し提示すること」。

監督官庁として異例の強い指導であった。

ただ経産省による電力会社への指導の経緯が、その後のもんじゅのあり方への姿勢を方向づけた。原子力機構はもんじゅを再稼働させる場合、六千億円近い費用がかかると試算し、非公式に文科省と経産省に示していた。さらに年間の維持費だけでも二百億円かかる。もんじゅの

運営や費用の一部を電力会社が負担するように経産省が動いた場合、「経産大臣の要請と整合性がなくなる」（経産省幹部）ことになる。

また経産省はフランスとの実証炉計画に目を付けていた。実証炉はもんじゅの原型炉の一歩先の段階であり、実証炉以降は文科省ではなく経産省の担当になる。旧科技庁の最後の砦である高速炉開発も経産省の仕切りとなれば、長年の原子力の主導権争いは完全に決着する。

さらにトラブル続きの原子力機構の体制自体も問題視された。省内の会議では「再稼働に向けて原子力の信頼を取り戻さなければならない中で、再び不祥事が起これば原子力そのもののクレディビリティ（信頼性）が落ちる」とも結論づけられた。

高速炉継続と日米原子力協定

経産省は省内で決めた方針を官邸の官房副長官補室にも伝えた。もんじゅの存続を主張する文科省の主張に対して、以下の二点について十分な留意が必要とされた。

一つは規制委の中立性についてである。反原発の人からも一定の信頼を得ている規制委が、政治の圧力に負けたという印象を生んでしまうと、マイナスとなる。規制委が合理的な判断をして結論を出したことについて政治側で十分な理由もなく、もんじゅのために反故にした場合は、保安院時代に逆戻りしてしまうということ。

さらに、もんじゅを廃炉にすると同時に高速炉開発自体の旗を降ろした場合、翌々年の一八

年に控えていた日米原子力協定の延長に支障となる可能性を生じる、というものだった。

もんじゅの廃炉に関与した経産省幹部は「米国が懸念しているのは、もんじゅを止める、イコール高速炉開発を止めるということ。もしそういうことになったら核燃料サイクル自体止めろと言われかねない。だからフランスとの協力は必要になるし、国内でも開発は続けると言うことになった」と振り返る。

文科、経産の対立

そして七月に始まった両省の協議。文科省幹部はこう切り出した。「核燃料サイクルの維持にはもんじゅは必要。国が費用を出す特殊法人形式なら電力会社は協力してくれるのではないか」。しかし経産省の担当者は突き放した。「電力は原発再稼働に向けた安全対策に巨費を投じており、経営的に支える体力はない」。さらに「またもんじゅでトラブルが起これば原子力全体の信頼性にもかかわる」とも述べ、廃炉を決断するように促した。

文科省側は「高速炉開発が滞ればサイクルの一部が破綻し、プルトニウムの消費めどがなくなる」と粘る。経産省は「フランスとの協力で実証炉を目指す手がある。もんじゅがなくても核燃料サイクルの旗を降ろすことにはならない」、「核燃料サイクルの維持はわれわれとしても絶対に揺るがない方針だ」と取り合わなかった。

新たな特殊法人をつくるのが難しいことも経産省側は指摘した。「新法人と言っても、給与

体系をどうするのか。どういう法人なのか。身分はどうするのか。全く固まっていないのではないか」。

特殊法人案は先述の有馬検討会の中で案として触れられていたにすぎず、経産省はおろか、財務省や総務省などほかの関係省庁とも調整していない机上の案でしかなかった。

それでも文科省は、あくまでもんじゅの存続にこだわり、一歩も引くことはなかった。そのため、調整は官邸に委ねざるを得なくなった。両省は互いの主張を内閣官房副長官補室に伝えたが、官邸の事務方レベルでもついに結論は出なかった。再稼働には最低六千億円が必要とされるなど副長官補室に文科省や経産省が報告した非公式な情報も報道されていた。一方で文科省は福井県の地元には存続させる意思を繰り返し伝えており混乱が広がっていた。

文科省は原子力機構と協議して廃炉回避の対応を練った。原子炉を臨界させず出力なしで運転する案や現在貯蔵しているもんじゅ用の燃料を上限に運転を終了させるなど、実現性の乏しいものも含めた延命策が検討された。

もんじゅを所管する文科省幹部と原子力機構理事長の児玉敏雄らは、原子力技術者出身でもあり、原発政策に影響力があるとみられた元法相の森英介も説得したが、「官邸は経産省の勢力が強い。もんじゅ劣勢だ」と述べるだけだった。ほかにも複数の議員にあたるものの、調整を引き受ける議員は皆無だった。

安倍政権の官邸主導体制では官邸の意向を覆せるような政治力のある議員もいないうえ、自

民党自体がもはやもんじゅの存廃には関心を払っていなかった。

経産大臣、文科大臣が直接意見を戦わせれば閣内不一致とみられ、地元にさらなる混乱を生みかねない。また臨時国会も迫っており、閣僚答弁を一致させるため官邸が直接裁定することになった。

九月十四日朝、官房長官の菅義偉は文科省事務次官、前川喜平と資源エネルギー庁長官、日下部聡を直接呼び出した。「互いにどういう意見か、もう一度言ってほしい」。文科省はもんじゅの存続、経産省は廃炉とし、「アストリッド」計画を柱とした高速炉開発という主張を伝える。菅はこう通告した。「文科省はもんじゅの降り方を考えること。経産省は核燃料サイクルが維持できるように明確な方策をまとめてほしい。特に地元への対策も十分にすること」。

菅は原子力機構の部長や原子力規制庁の担当者からも直接ヒアリングし、「廃炉」と判断していた。しかし政府が地元である福井県や敦賀市の頭越しで廃炉を表明すれば、反発を招きかねない。そのため九月中に廃炉の方向は打ち出すものの、正式な政府決定は地元との調整後の十二月まで延ばすことを決め、官邸の会合は終わった。菅は「地元の問題は重要だ」と最後に改めて二人に念を押した。こうしてもんじゅはその役割を終えることになった。

二日後の十六日、自民党政調会長、茂木敏充は記者とのインタビューで政府・与党としての廃炉方針を初めて公表した。

「もんじゅは建設費など総額累計で一兆円を超えている。新たな運営主体も決まらない。廃

炉以外の選択は想定できない」。

廃炉の方針は十四日の官邸会合の直後から自民党幹部に情報共有されていたものの、政府・与党幹部以外には伝えられていなかった。前述したように茂木は経産相時代、原発停止により経営状況が苦しくても値上げは控えるよう電力会社に要請した当人でもあった。

官邸における菅裁定の内容を聞かされていなかったある原子力機構の元幹部は「政調会長の発言で政府の意向が分かった。なんとか延命しようと思ったが完全に裁断が下った」と振り返る。

もんじゅは廃炉にするものの、高速炉開発は続けるという政府の方針は電力会社にとっても重要な決定であった。日下部は官邸の裁定の直後に電事連会長の勝野哲と面談して言った。「高速炉研究は続ける目的で新たな会議を立ち上げます。高速炉開発継続の方針に同意してほしい。特に実証炉以降は電力の協力も必要です」。勝野は「分かりました」と答えた。

福井県の地元には、高速炉の新たな研究拠点をつくることやもんじゅの廃炉後も交付金の減額をしないことなどの振興策を示し、内々の廃炉の了承を得た。

十二月二十一日、官房長官ほか文科相、経産相も出席する原子力関係閣僚会議が官邸で開かれ、もんじゅは「廃炉を含め抜本的に見直す」という方針が示された。

その後、福井県への正式な通達を経て十二月二十六日には松野博一文科相が、大臣室に原子力機構理事長、児玉敏雄を招いて廃炉決定の文書を手渡した。

アストリッド

冒頭で紹介した通り、政府は高速炉開発の旗そのものは降ろしていなかった。代案として経産省の主張の通り、フランスの高速炉実証計画「アストリッド」の日仏共同研究を進めることが盛り込まれたからだ。十二月二十一日の閣僚会議では日仏協力に大きな期待をかける文書が政府決定された。もんじゅ廃炉の理由として「(原子力規制委の)新規制基準の策定」、「日仏高速炉協力の開始」を挙げたのだ。

十月に来日したフランス原子力庁幹部らが「日本の協力が必要」、「アストリッドは順調に進み、政府に認可も受けている」と日本側に強調したこともアストリッドに傾斜する大きな要因となった。

海外協力を通じて高速炉開発や核燃料サイクル政策の旗を引き続き堅持することにしたのだ。

政策決定過程の不透明化

もんじゅ廃炉の政策決定においてもう一つ指摘すべきことがある。廃炉決定までの政策過程がブラックボックス化したことだ。原子力規制委員会の勧告に至るまでは事務方と規制委員らの細かな調整以外は、常に情報はオープンであった。検査項目、原子力機構と委員らの意見交換も公表されていた。

一方で勧告後の官邸や省庁間の政治プロセスは、先述した九月の官邸裁定による廃炉内定まで公の場で進められることはなかった。

かつて核燃料サイクルを含む原子力政策の長期的な方向づけは、原子力委員会が担っていた。しかし第二章で見た通り、東京電力福島第一原発事故後、原子力委は電力会社などとの癒着が問題視されて一四年に法改正で大幅に権限が縮小された。原子力政策大綱などの中長期の方針も策定しなくなった。そのため各省間や電力会社の意見を公開で調整する場が政府内になくなっていた。

原子力関係閣僚会議は既に政府内で調整済みの案件を正式決定する最終的な会議であり、原子力政策に関わる問題の是非を議論する場ではない。

例えば、もんじゅの廃炉を巡る経産、文科両省の攻防の際、もんじゅの再稼働に六千億円の費用がかかるという試算が報道で突如、登場した。経産省が廃炉の主張を固める論拠として自ら試算したものという噂が出たが、実際には文科省と原子力機構が策定した試算を官邸の副長官補室に提出したものだった。この数値の実際の公表は数カ月も先送りとなった。

もちろん、事故前の原子力委員会の下でも電力会社や通産省、科技庁が裏で調整済みのものも多かったことには変わりがない。それでもコスト試算をオープンにした政策論争を公の場で実施し、議事概要も残された。

例えば九五年に廃止が決定した新型転換炉（ＡＴＲ）では電力・通産連合がコスト高を理由

に実証炉段階に移行しない方針を決めて、開発計画を中止させた。ＡＴＲとは当時、動力炉・核燃料開発事業団が開発していた国産炉だ。

それでも科技庁や動燃は原子力委において公開で「国の原子力政策決定は経済性だけではない」、「経済性重視は理解できるが、研究開発を続けてきた事業団として残念」と主張し、コストダウンできないか再試算まで実施した。もんじゅ同様、電力会社が受け入れない以上、ＡＴＲが実証炉段階に移る可能性はなかったが、正式に研究を中止することは原子力委の場で決まった。

実際、もんじゅでは奇妙な現象が起きた。先に述べたように原子力機構の幹部たちは官邸によるもんじゅ廃炉の裁定は知らされず、政調会長だった茂木の記者への発言によって廃炉を知ったのである。

議院内閣制において最後の決断者が官邸であるのは正統だが、もんじゅという何兆円も投資した国家プロジェクトを廃止にするという大事な局面においてそのコストや推進側、反対側それぞれの主張が公開の場で見えなかったのは、今後の原子力政策の推進において憂慮すべきことである。その意味では中曽根が導入した原子力の自主・公開・民主の原則は完全に形骸化していた。

長崎大教授の鈴木達治郎は原子力政策において客観的で独立した第三者機関を提案しているが、真剣に検討すべきであろう。

動燃改革検討委員会の吉川座長（左）から近岡科学技術庁長官への報告書提出（原子力白書）

繰り返された看板の掛け替え

またもんじゅを巡っては運営組織の適格性が何度も問題となり、実際に組織改編も幾度となく繰り返されてきた。原子力規制委員会の勧告に明記された指摘は特に新しい話ではなかった。

「動燃は解体的に再出発をする」。原子力機構の前身である動力炉・核燃料開発事業団が一九九八年に核燃料サイクル開発機構に改組された際、科学技術庁長官直轄の有識者会議「動燃改革検討委員会」がまとめた報告書冒頭にある言葉だ。

組織改革で最も大規模なものは一九九八年の動燃から核燃料サイクル開発機構への改組であっただろう。動燃は一九九五年にもんじゅでナトリウム漏洩事故を、九七年

核燃料サイクル開発機構本社（茨城・東海村）で除幕する都甲泰正理事長ら（時事）

には東海事業所アスファルト固化処理施設で火災爆発事故を起こした。その際、事故の隠蔽工作も行っていたため、マスコミ、地元だけではなく、国会などでも厳しく批判を受けた。当時動燃にいた技術者も「今思えば、あのときにもんじゅの運命は決まってしまった」と振り返るほどだ。

動燃を所管する科学技術庁は九七年四月、科技庁長官直轄の動燃改革検討委員会を設置。元東大総長の吉川弘之を座長に据えた。

わずか四カ月後の八月にまとめられた報告書には「経営不在」、「安全確保と危機管理の不備」、「閉鎖性」など、動燃の体質の改善点を指摘したが、その文言は約二十年後の有馬座長の報告書と驚くほど似通っている。結局、動燃はウラン資源の探査事業や既に技術が確立した濃縮事業などは民間

に任せるとして事業を終了させ業務をスリム化して、サイクル機構となった。

サイクル機構は二〇〇五年、行政改革により日本原子力研究所と統合し、現在の原子力機構となった。そして、ようやくもんじゅ再稼働の地元同意を取り付けた直後の二〇一〇年、炉内に中継装置を落とすという重大事故を起こした。

東日本大震災などによる混乱を経て二〇一三年、文科相の下村博文は有識者会議を設置し、「抜本的な見直し」をする改革案を出していた。これも「もんじゅに専念させる」として国際熱核融合実験炉（ＩＴＥＲ）などを担う量子科学技術研究開発機構や放射線医学総合研究所を一六年に分離させた。

こうした類いの有識者会議は、もんじゅがトラブルや不祥事を起こすたびに設置された。規制委員会委員長の田中俊一は勧告に明記されていたもんじゅの運営主体について「看板の掛け替えに終わることは許されない」と言及していた。こうした経緯は政府内でも共有されていた。文科省が二〇一六年に提案したもんじゅ運営主体の特殊法人化案は「看板の掛け替え」だと経産省が突っぱねる要因ともなった。

また再稼働に関する地元への説得や地域振興など、動燃の不祥事の火消しには躍起になったが、動燃のガバナンスを強化するという意味で旧科技庁や文科省は最後まで効果的な対策を打ち出せなかった。

この点についてかつて動燃改革に携わったことのある旧科技庁幹部ＯＢはこう分析している。

「そもそも三千人もいる巨大な組織を見る担当が科技庁、文科省に二人しかいなかった。監督管理などできる体制ではなかった」。

二〇〇〇年の行政改革に伴う特殊法人改革の一環で動燃後身の核燃料サイクル機構が原子力研究所と統合されるとその員数はさらに一人に減った。

また国の人事制度も硬直的であり、特殊法人を管理監督する人員を増員するには総務省や財務省の予算や定員要求を経なければならず、公務員削減が叫ばれる中で難しかった。

規制委の政策判断

原子力規制委員会の「科学的見地」による一連の施策は原発の安全審査だけではなく、もんじゅの運営主体のあり方への勧告、そして原子力委員会とのプルトニウムの平和利用に関する権限の確認など、原子力政策全体に大きな影響を与えてきたことは既に検証した。

これらの規制委の施策は科学的見地だけに基づくものではない。政策判断を含んだものである。実際、規制委自身、発足当初から「規制基準の適合性審査であって、安全だとは言わない」、「絶対安全、ゼロリスクではない」と科学の限界を正直に述べている。さらに委員長の更田豊志はある会合でも「(安全規制を)定量化・数値化することが甚だ難しい。工学的判断があるので、純粋に科学的・技術的な判断だけかというと総合的な判断だという部分は確かにある」と語っている。

科学による合理的結果を追究しても、結論が出ない場合は政策判断の余地が残る。そののりしろが大きくなるほど、経済産業省などいわゆるエネルギー政策を所管するとされる政策立案側の不確定要素ともなる。その裁量が原子力政策における強力な影響力となる。

こんな事例があった。二〇一九年四月、規制委は原発に設置を義務づけるテロ対策施設について完成期限の延長を認めないことを審査会合で決めた。関西、九州、四国の三電力会社の五原発十基が対象で期限内に完成しなければ運転停止を命じるという厳しい内容である。

経産省は三〇年時点のエネルギー政策で、原発の比率を二割とする目標を掲げる。原発を基幹電源と位置づける政府にとっても大きな痛手となるため大々的に報道された。

テロ対策施設は「特定重大事故等対処施設」と呼ばれ、一一年の東京電力福島第一原発事故後にできた新規制基準で設置が義務付けられた。航空機などによるテロを受けても、原子炉から百メートル以上離れた場所から原子炉を冷却できるようにする。ただ日本の原発は海岸沿いに多い。山を切り開いたり固い岩盤をくりぬいたりし、建設は難工事だとされる。

こうした事情もあり、テロ対策施設について当初は一八年七月までの完成を求めていたが、一五年十一月に原発ごとに工事計画認可を受けてから五年以内と一律猶予した過去がある。

複数の関係者によると、実は一九年四月の審査会合の直前二、三日前までは特例を再延長する予定だったという。しかし規制庁内の議論で法令担当の官僚らから規制基準に明記されたものを二度も免除することは「法律論としてもあり得ない」と反論が出たことで再延長に待っ

たがかかった。

規制委委員や事務方との最終的な意見交換では「もう一度延長したら世論にどうみられるか分からない」、「保安院と一緒だと思われてはいけない」との声が引き続き出たため、結局再延長は覆った。

規制庁幹部らは官邸を訪ねて情報を伝えたが、官邸側はその結論に介入することは当然なかった。当時の法令審査の担当者はこう振り返る。「保安院時代だったらそのまま延長になっていただろう。規制委には電力会社と癒着していた保安院と同じとみられてはいけないという思いが非常に強かった」とし、さらに「百パーセント科学というのは無理。どこまでOKかというのは必ず政策判断、政治判断が入る」とも語った。

規制委の厳しい裁定の背景には、延長を認めれば電力会社に甘いとの批判が生まれることへの懸念が大きく働いたのである。

「いつか来た道に戻るか戻らないかの分かれ目だ」という委員長の更田豊志の当時の会見の言葉にそのことはよく表れている。

逆に言えば、すべてが科学で解決できないことが原発の運転停止を求める仮処分の判決で原告の勝訴が起こる要因ともなっている。

また別の事例も指摘しておく。

先述した通り、もんじゅの廃炉の際、経産省と官邸ではもんじゅを存続させた場合について、

以下のようなやり取りがあった。

「危惧するのは、反原発の人からも一定の信頼を得ている規制委が、政治の圧力に負けたという印象を生んでしまったら、マイナスになる」。

「規制委は独立していないといけない。規制委が合理的な判断をして結論を出したという態度が反故になり、もんじゅのために失うとなると元も子もなくなる」。

では原発事故前はどうだったか。

ある官僚の経験談である。エネルギー環境分野における政府文書をまとめる際、各省が資源エネルギー庁とＦＡＸで事前に文言を調整していた際のことである。「エネ庁とＦＡＸして根回ししていたが、何度も直しのやり取りをしているうち、ＦＡＸの送信先の表記に「電事連」と書いてある紙が直接、届いたこともあった。それほど電力は食い込んでいたし、経産省もその通り動いていた。今ではあり得ない話だ」。

これらの経緯を総括すれば、原子力政策の形成過程は大きな変化を遂げたのである。

地元同意の政策過程

高速増殖炉原型炉「もんじゅ」廃炉を政府が正式に決定する一週間前の二〇一六年十二月十九日。文科相の松野博一は福井県知事、西川一誠を招き省内で開いた会合で「もんじゅは運転再開せず今後、廃止措置に移行する」と政府の方針を説明した。西川は「到底受け入れられ

ない。見直しを強く求める」と語気を強めた。しかしその後、地元は廃炉をすんなり受け入れることになる。

政府側は既に一六年九月の官邸の会合の前後から福井県や敦賀市と協議を始めていた。官邸は廃炉決定するにあたり、地元振興施策に取り組む旨を明記した文書も同時に公表することを経産・文科両省に指示していた。

文科省の担当者は敦賀市にまず周辺地域を高速炉開発研究の中核拠点とする素案を伝達した。もんじゅ敷地内に試験研究炉を新設する計画である。文科省は水面下で「もんじゅおよびその近傍における新たな高速炉研究開発」と題した文書を作成した。茨城県大洗町にある材料試験炉に代わる「中性子照射炉」などを提示。もんじゅに代わる施設の構想を伝えている。

さらに同市側が、自身が推進する水素事業への支援を求めると、経産省は水素技術開発の一拠点とする案を策定。すぐに伝達し、敦賀市側の要望に応えた。

その事前協議の内容は、十二月二十一日の原子力関係閣僚会議で示された「「もんじゅ」廃止措置方針決定後の立地自治体との関係について」という内閣官房と文科省、経産省による連名の文書となった。

上記のうち、もんじゅに代わる原子力の研究施設については二〇二〇年九月に文科省が実際にもんじゅの敷地内に建設費五百億円で新設する方針を発表した。官房長官の菅は二〇年九月三日の会見で「一六年にもんじゅ廃炉を決定した際に、我が国の今後の原子力研究や人材育成

を担う中核拠点を設置するとしていた」と改めて述べている。

「もんじゅカード」

そもそも地元の抵抗に関して言えば、民主党政権時代に核燃料サイクル見直しを撤回させた青森県と六ヶ所村のような猛烈な反対は福井県と敦賀市では起きなかった。もんじゅのほかに全国最多の商業用原発が立地する福井県においてはもんじゅへの依存度は、青森県と六ヶ所村における再処理工場に比べても大きくはなかった。また地域振興を巡っては国が廃炉決定以前から新幹線の整備など福井側の要望に十分に応えてきた。

福井県と敦賀市はプルトニウムを多く消費できる新型転換炉「ふげん」やもんじゅなど多くの国の研究施設を受け入れてきた。特に高速炉開発は「もんじゅカード」と呼ばれ本来、研究とは関係のないはずの地域振興がセットで議論されるようになった。

民間商用炉ではなく国策プロジェクトであるため、地元への対応も県内の関西電力の原発とは違い国が主体となる。その最大の「成果」が、北陸新幹線の敦賀市への延伸と言われている。もんじゅの廃炉が議題となる四年前の一二年には「敦賀駅」の整備など前倒し着工が決まっていた。

皮肉にも動燃が事故や隠蔽などの不祥事を繰り返したことが、もんじゅカードをさらに強力な文字通りの「切り札」にしていた。

福井県は二〇〇〇年代以降、北陸新幹線の敦賀を含む県内着工が決まらなければ、もんじゅの再稼働を含め、今後の県内での原子力の推進には協力しない旨の主張を再三、国に繰り返していた。実際に福井県議会は二〇〇三年に「北陸新幹線の着工予算が獲得できない場合は、原子力政策推進に反対も辞さない」と決議している。前後して県議会の最大勢力である自民系会派の県議らは議会や自民党の会合で「もんじゅにアクセス交通体系が必要だ」、「福井は原子力にこれだけ協力している」などと気勢を上げた。

ナトリウム漏れという重大事故からようやくもんじゅの運転再開を目前に控えた一〇年四月、知事の西川は「北陸新幹線の早期全線建設」が明記された要望書を文科相らに手渡していた。原子力に詳しい自民党閣僚経験者は「もんじゅ再稼働と引き換えに新幹線を持ってこいと言ってきた。既に実現しており、「もんじゅカード」が有効に働いた」と指摘する。

さらに一六年の廃炉の経緯についても「強硬にもんじゅ廃炉の政府方針にたてつけば、新幹線を管轄する国交省を含めかつてないほど省庁に影響力がある官邸を怒らせて不測の事態を生む可能性もゼロではないという臆測もあった」とも話した。

先述の通り福井県には関電を中心に全国最多の十三基もの商業用原発が立地していた。県はもんじゅの廃炉で財政が危機に陥る状況ではなかった。

敦賀市議会は一六年九月二十八日に「もんじゅを含めた核燃料サイクル政策について」と題する意見書を議決した。しかしその文言は「責任ある立場の者」が十分に地元に説明責任を果

たすよう求めるもので、もんじゅの「存続」は明確に要望していない。二〇一二年民主党政権時の六ヶ所村の場合では意見書の宛名は総理大臣以下の各主要大臣であった。青森県の反発は苛烈であった。

敦賀市議会の意見書は二人の反対者を出し、六ヶ所村の意見書のように全会一致ですらなかった。村内の自衛隊基地の使用制限まで持ち出した決死の六ヶ所村に比べて敦賀市は穏健であった。

一　もんじゅを含めた核燃料サイクル政策について、その議論に際しては、国策に長年協力してきた立地地域の意向を十分酌み取るとともに、国民理解を得ながら進めること。

二　もんじゅのあり方については、政府全体で長期的な視野に立ち、安全を最優先に検討を進めること。

三　もんじゅの今後のあり方や安全確保等については、これまでの新聞報道等により不安を持っている市民も多いこと、また、立地地域の経済及び雇用に与える影響が大きいことに鑑み、責任ある立場の者が、敦賀市及び敦賀市議会に対し、丁寧に説明し理解を得るための取り組みを早急に行うこと。

平成二十八年九月二十八日敦賀市議会

先にも見たように政府はすでに内々に廃炉決定後も核燃料サイクル関連の交付金を継続し、さらには増額までさせる方針を敦賀市に伝えていた。こうした政府の支援の動きを受けて、敦賀市長の渕上隆信は十二月七日の市議会でこう述べている。

「仮にもんじゅが廃炉になったとしても、交付金に関して申し上げれば本市ではもんじゅ分として三千万円弱と試算しており、これがなくなったとしても市財政に与える影響は少ない」。

元原子力機構幹部で、もんじゅ廃炉の際にも文科省や地元自治体と意見交換した人物も「地元から絶対廃炉にしないでくれという熱情はなかった。むしろ原子力機構側はもっと地元が（廃炉反対の）声を出してくれればいいのにと思っていたほどだ」と証言する。

青森県は再処理をする名目で使用済み核燃料が多く持ち込まれ、六ヶ所を廃止すればそのまま核燃料の最終処分場とされる懸念もあった。そのため青森県は核燃料サイクルを放棄する場合は、すぐに持ち出すように国や電力会社と取り決めを交わし、事実上の「拒否権」を持っていた。福井県はもんじゅを巡り、例えば県内の原発に一時的に保管している使用済み核燃料を即座に持ち出すといった取り決めを国と交わしていない。

政策過程で重要な点

民主党政権は二〇一二年に原発ゼロを標榜しながら、もんじゅは存続させるという矛盾した方針を採用した。一方、原発は維持するという自民党政権は、規制委による勧告という大きな

原動力があったものの、廃炉に徹底的に反対する文科省を抑えて、地元自治体への十分な支援を約束する調整力を発揮してもんじゅ廃炉を決定した。高速炉の国産化という六〇年代以来の原子力政策を大きく転換させたのは、原発ゼロを主張した民主党政権ではなく、むしろ原発維持を標榜する自民党政権であった。

このもんじゅを巡る一連の政策過程は、商業炉だけでなく、研究炉という分野でも原子力は常に地域振興がセットであることを浮き彫りにした点で重要だ。先端技術の研究で新幹線が整備されたり、施設の廃止後も国から交付金が継続されるという優遇措置はほかの分野ではみられないことである。

原子力は基礎から応用までどの分野でも「カネ」や利益誘導と切り離せない。これはほかの研究施設とは大きく異なる点だ。東京電力福島第一原発事故以降、各地で原発の再稼働が困難に陥った。電力会社ではなく国が主導して再稼働を実現すべきとの声も出るが、もんじゅの実例を見れば、民間ではない国の責任の場合は原資が税金だけに利益誘導がさらに上振れしてしまう可能性を示している。

フランスの背信

二〇一四年五月五日、パリの大統領官邸エリゼ宮殿。一七〇〇年代に完成した荘厳な貴族の宮廷の一室で高速炉開発に関するある覚書に、首相の安倍晋三とフランス大統領のオランドが

共同記者発表を終え握手するフランスのオランド大統領（右）と安倍晋三首相（時事）

署名した。それは日本の将来の核燃料サイクル事業の柱となるはずだった高速炉実証炉「アストリッド」計画だ。

北欧起源の女性名からとったそのプロジェクトは当初、二〇年代半ばに実証炉を着工し、三〇年代の運転開始を目指していた。署名後、安倍はオランドとともに「アストリッド計画及び高速炉協力における日仏の取り決めを歓迎する」と表明した。

日本の高速炉の開発は四段階で進む計画だった。アストリッドは三段階目の実証炉にあたり、商用炉の建設に向けた実証技術を得ることが目的だ。その後すぐに資金難となるが、仏政府は当初、一九年度までに十億ユーロ（約千二百億円）を投資する方針を打ち出していた。

日本は一六年十二月に国産の高速増殖炉

原型炉「もんじゅ」の廃炉を決定していた。その際にすがりついたのが同じナトリウム型の冷却方式を採用するこのアストリッドだった。特にエリゼ宮という場で首脳間が合意していたことで政府内では「首相案件」、「安倍直々の案件」として共有され、もんじゅ廃炉の際の有力な根拠となった。二百億円を超える研究開発費が投じられることになる。

先述したように、廃炉決定の二カ月前、一六年十月には仏原子力庁の幹部らが来日し、「アストリッド計画は仏政府のロードマップに従い順調に進んでいる」、「アストリッドの技術に基づく次世代原子力は多くの恩恵をもたらす」と日本側に売り込みとも言える全面協力を呼びかけていたことももんじゅ代替としてのフランスへの傾斜に拍車をかけた。

「アストリッドがあるからもんじゅは廃炉にしても影響はないというのが理屈だった」と文科省幹部は振り返る。

政府は官房長官の菅も出席する原子力関係閣僚会議でもんじゅを廃炉にする代わりに「高速炉ロードマップ」を策定することを決めていた。もんじゅは廃炉にしても、高速炉開発は続ける——この方針は日本が掲げた旗であり、ロードマップも日仏協力が柱になるはずだった。

もんじゅから日仏共同研究に舵を切った日本だが、すぐにアストリッドの開発は雲行きが怪しくなっていく。まず、アストリッドの立地が計画されていたフランスの地元紙が一八年一月、「政府がアストリッド計画を大幅に縮小」と報じた。具体的には実験炉の大きさを変更し、出力も小さくするというものだった。

アストリッドの規模が縮小されるのであれば、実証炉に向けてどれだけ知見が得られるか分からなくなる。最終的には商用炉を目指すプロジェクトである。商用炉はより大きな炉を予定しているため、採算性を見極める情報が得られなくなる恐れもあった。

報道の直後、経産省の担当者らは仏原子力庁に問い合わせるものの、「何も決まったことはない」と報道を否定するだけだった。しかし六月に入り、仏原子力庁は報道通り、規模を縮小すると経産省に通知してきた。

仏側がメールで送付した資料に担当者らは驚いた。

そこには「六十万キロワットから四分の一の十五万キロワット前後に縮小する」と、もんじゅの二十八万キロワットの半分ほどになることが明記され、「コンピューターによるシミュレーションなどを組み合わせれば、実用化に必要なデータは得られる」とし、報道通りの内容が記されていたのだ。

前後して、電話もあり、「規模を縮小しても実証は進められる」と仏側は主張した。

六月一日の経産省と文科省が主催した意見交換の場ではドゥヴィクトール・プログラムマネジャーが「ウラン市場の現状を見ると、実証炉の導入はそれほど緊急性がない」と縮小の理由を挙げた。

二転三転

日本政府はかつてアストリッド計画が順調に進むかフランス政府側に確認したことがあった。しかしもんじゅ廃炉決定直前の一六年十月の会合では「アストリッドはフランス政府により定められたロードマップに従って順調に進んでいる。政府がきちんと認可している」とアストリッド計画を牢固として進めることを主張。日本に資金的な協力を求めていた。

二年も経たないうちに、前言を覆す急な転換となったことに日本政府側は戸惑いを隠せなかった。経産省に一敗地にまみれた文科省は「はしごを外された」、「規模の縮小でもんじゅに代わる知見は得られるのか」と経産省の担当者に詰め寄った。

仏側の二転三転する方針を前にアストリッド計画そのものにも疑念が生じ始めた日本側は再三にわたり仏原子力庁にアストリッドの建設時期やそもそも本当に着工する意向があるのか、明確にするように迫っていた。

しかしフランス側から確答は得られなかった。原子力庁側は「国のエネルギー戦略が固まらないと具体的なことは言えない。大統領府で策定しているが遅れているようだ」と繰り返すばかりだった。

日本側を悩ませたのは日本以上にフランスは省庁間の縦割りが強く、各組織の意思決定が複雑なことだった。仏原子力庁はエコロジー省の傘下にすぎず、開発資金を出すのはフランス電力（ＥＤＦ）であった。さらに原子力も含めたエネルギー計画の最終決定はあくまでもフラン

ス大統領府であった。当時の担当者は「仏原子力庁の担当者自体がアストリッドがどうなるのか、自分たちに決定権がないというような口ぶりだった」と振り返る。

ロシアの打診

一八年六月、ロシア政府高官が文部科学省を訪れ「今後の高速炉研究はロシアと共同ではどうか」と持ちかけた。文科省の幹部らは突然の提案に驚き、「われわれだけでは判断できない」と明確な回答は避けた。

日本の核燃料サイクルの技術は常に原子力大国であるフランスの技術をモデルとしてきた。資源エネルギー庁の長官経験者はその「長年の安心感がフランス側への期待のもとにあった」と話す。特に日本の原子力技術の生みの親とも言える米国が一九七九年にスリーマイル島事故を起こし、原子力産業が衰退して以後は、フランスが米国に代わり日本の技術の先進モデルとなっていた。

例えば、青森県六ヶ所村の再処理施設は日本の動燃ではなく、わざわざ仏企業のコジェマから技術を輸入したほどだ。日米原子力協定の自動延長においてあれほどイランや韓国、サウジアラビアなどを持ち出す米国もフランスとの協業には何も言わない。

再処理や高速炉開発などの核燃料サイクル技術は軍事的機微にもあたるが、再処理を日本に認める米国はフランスとの協力は認めている。その理由は「英国と同様、自由主義・民主主義

国家で準同盟国のフランスは例外扱いだ」と政府の担当者は解説する。

実際、核燃料サイクル関連の技術ではロシアにも協力を打診されたことは何度もあるというが日米原子力協定など関係上、米国の同意は得られないという。経産省の幹部は「高速炉は核兵器にも関係する技術。ロシアとの次世代炉協力は同盟国である米国と相談が必要」と語る。国際関係において、米国の同盟観が分かる興味深い事案である。

縮小から凍結通告

「首相案件」だったアストリッド計画も事実上の終焉がついにやってきた。一八年十一月二十三日、パリで開かれた非公開の日仏の原子力会合。仏エコロジー省、原子力庁に日本の資源エネルギー庁、外務省の幹部が居並んだ。

仏エコロジー省の局長はこう切り出した。

「アストリッドの開発は中止します。二〇一九年度以降予算はつけない。実証炉建設は緊急性が高くない。方向性をチェンジする」。

シミュレーションなどのデータの研究は存続させるというが、日本側の懸念通りの展開となった。半年前の六月、仏原子力庁は経産・文科両省主催の会議に出席し、炉の建設規模を縮小することを明らかにした。しかし今回、この十一月の会合では炉の建設すら消えるという話だった。仏側はこうも言った。「われわれはまず軽水炉で（プルトニウム消費を）回すことを優

先する」。

エコロジー省は仏原子力庁を監督する立場の省庁であり、その言葉は重かった。「ただシミュレーションだけではもんじゅの代替の高速炉開発の研究成果は得られないのは明白」（文科省の担当者）であった。

フランス側は一九年三月に福島県内で開かれた福島第一原発の廃炉に関連したフォーラムでも経産省関係者に「アストリッドの部門は閉鎖し、職員も配置転換した」とその後の措置を語った。

フランスの有力紙ルモンドはようやく一九年八月になって「アストリッドは死んだ」と大々的に報道した。それは国内外の原子力関係者に衝撃を与えたものの、実際にはフランス政府はこの事実を日本側には半年以上も前の十一月に伝えていたのだ。仏有力紙であるにもかかわらず、かなり遅れた報道と言える。

フランスの事情とウラン資源

計画凍結は仏政府の資金不足が要因とみられる。まず、アストリッドを運営するフランス電力（ＥＤＦ）は一六年当時、約四兆円もの負債を抱えていた。日本の福島第一原発事故以降の安全対策費が高騰したことも一因となり、原子力総合企業のアレバも経営再建中であった。

また最新の安全技術を取り込んだ欧州加圧水型原子炉（ＥＰＲ）は、建設工程の見直しなど

で完成が大幅に遅れ、建設コストが膨らんでいた。一九年十月にもEDFはフランス北西部の同型炉について、運転開始が一二年から二二年以降になると表明している。

大統領マクロンは一八年十一月二十七日、エネルギー戦略に関して演説し、原発への依存率を二〇三五年までに五十パーセントに引き下げると正式に表明した。日本政府へのアストリッド中止の通告はそのわずか数日前のことだった。

脱原発を目指すドイツと異なり、原子力は依然、フランスの脱炭素化に向けた中核電源に位置づけられている。しかし将来の原発比率が減れば、使用済み核燃料を再利用する高速炉開発の必要性は下がる。計画が中止されて当然であった。

文科省の関係者は「フランスは国際熱核融合実験炉（ITER）や新型炉などほかにも原子力分野で優先すべき順番をつけたのだろう。いずれも巨額の投資が必要となるものばかりだ」と指摘する。

また別の担当者は「日米原子力協定同様、外国頼みの政策は全く別の作用が働くため、予測が難しいことを実感した」と誤算だったことを認める。

実際、仏が方針転換する理由としたウラン資源の余剰は加速していた。五〇年代、世界が高速炉開発を推進することを決定したとき、ウランは近い将来枯渇するとみられていた。しかし経済協力開発機構（OECD）などの〇三年の報告書によれば、埋蔵量は原発約八十五年分に相当する約四百五十八万トンだったが、一六年版では五百七十二万トンと原発百二年分以上に

増えた。採掘や回収に費用をかければ七百六十四万トン、百三十五年分以上になると推定した。ウラン余りの背景にあるのは東西冷戦の終結と原発事故だった。冷戦時代の一九七〇年時点では西側諸国の残量が約八十四万トンで、日本の原子力委員会も「将来供給不足が懸念されている」としていたが、冷戦の終結や技術革新で需給は大幅に改善した。

原発事故では八六年の旧ソ連・チェルノブイリ原発や一一年の福島第一原発事故によって安全性に疑問が広がり、ドイツやスイスの原発新増設にブレーキがかかった。また再生可能エネルギーも急速に普及し、フランスが日本に凍結を通告した直前の国際エネルギー機関(IEA)統計でも世界の一七年の原発投資は前年比で四十五パーセントも減っていた。

ロードマップの書き換え

ここでようやく冒頭の場面に戻る。政府はもんじゅ廃炉後の高速炉開発をどうするか、経済産業省と文部科学省が将来の開発計画に向けた「ロードマップ」を二年程度で策定することを一六年十二月の原子力関係閣僚会議の際に決めていた。

ロードマップは一八年十月時点で原案ができあがっていたが、フランス側からアストリッド計画の凍結通告があったため、経産・文科両省は急きょ対応に追われた。

原案にあった「フランス、ロシア、中国では実用化に至るまで国主導で開発を推進する」との文言からフランスを削除。「高速炉開発を巡っては様々な環境変化があり、不確実性が高ま

る」との文言を追加した。冒頭で見たように、平行して国内では外相の河野太郎とも協議を続けていたが、省庁折衝で高速炉開発の必要性に疑問を呈した外務省の指摘通りになった。高速炉開発を担う原子力機構の研究開発の「維持強化」から「強化」の文言もなくなった。

それでも日本はロードマップで高速炉開発の継続を明記した。もんじゅを廃炉とし頼みの綱だったアストリッドも凍結となった日本の高速炉開発は、完全に実体がなくなった。

二〇一九年六月二十六日、首相官邸で開催された日仏首脳会談の終了後、経済産業・文部科学両省とフランス原子力庁との間で取り交わされた一枚の合意文書があった。「日仏高速炉開発協力に関する取り決め」。高速炉の研究開発について技術情報やデータの交換で協力することに合意した。そこには人知れず、「アストリッド」の文字は消えていた。

華やかなエリゼ宮での署名式や会見とは対照的なあっけない幕切れだった。

高速炉、その後

一九年七月。政府関係者らは中国を訪れた。高速炉や水素などのエネルギー事情を探るためである。中国広核集団（CGN）の副社長は高速炉について「コストが高い。当面は軽水炉に注力しようと思う」と述べる。日本政府側は「日本ではプルトニウムの消費の問題がある」と言うと、中国側はこう応じた。「プルトニウムの問題はわれわれには関係ない」。

中国は核拡散防止条約（NPT）体制において核保有国なのでプルトニウムの余剰が問題に

なることはない。一行は日米原子力協定の自動延長において、苦労を重ねただけに核保有国と非核保有国の待遇の差を肌で感じた。

ＮＰＴ体制においては核保有国も核軍縮に真摯に取り組む義務を負うが、実態はそうなっていない。中国はともかく、米国やロシアは核兵器を削減する目立った作業は見られない。

イランや北朝鮮、さらに日本の余剰プルトニウムなど非核保有国とされる国への大きな制約ばかりが目立っている。日本の再処理の権限だけではなく、主に米ロのこうした姿勢は他国が再処理やウラン濃縮をする権限を求める背景にある。

実際、かつて日本と同様の再処理の権限を米側に求めた韓国の与党は「米国が核実験を続けるのに北朝鮮に放棄を求められるのか」と述べている。自民党前幹事長の石破茂は「私は日本は核兵器を持つべきだとの立場に立たない」と言いながらも、「その気になったら核兵器をつくることができる技術を持っておくべきだ」と強調している。その論拠も中国、ロシアなどを挙げ「日本の周囲には核保有国が多い」というものだ。高速炉そしてプルトニウムを巡る議論は今後も原子力政策の争点となっていくであろう。

終章　人形峠

人形峠にはウランを発見したことを記念する碑がある

原子力政策、多頭型の失敗

岡山空港から車で約二時間。鳥取との山深い県境に人形峠環境技術センターがある。文部科学省が所管する日本原子力研究開発機構の施設だ。日本で唯一残るウラン鉱山のほか、精錬や濃縮など日本の原子力黎明期を支えた研究施設が約百二十万平方メートルの広大な敷地に点在する。希望者は申し込めば見学できる。日本にウラン鉱山があったとは知らず、驚く訪問者が多いという。

実際に坑道に足を踏み入れると、ウラン鉱石が今も青白く光っていた。皇太子時代の現上皇も鉱山の視察に訪れている。海外から安価で品位のいいウランを入手できるようになるまで鉱山として機能した。

一九五六年、国は「原子燃料は極力国内資源に依存しその開発を促進する」と打ち出した。ウラン鉱石が発見された人形峠に鉱山をはじめ関連する施設を整備した。七〇年代からは理化学研究所が一部成功していた遠心分離式のウラン濃縮の研究も受け継ぎ、国産技術の確立を急いだ。

濃縮施設には筒型の遠心分離機が今も数多くある。濃縮技術は言うまでもなく、現在もイラ

ン核合意で国際問題になっているように核兵器開発にも直結した技術だ。特に七四年にインドが核実験を実施して以降は、核拡散防止条約（ＮＰＴ）体制下の非核保有国では技術保有に厳しい制限が課せられてきた。

国は七二年に濃縮技術の国産化を打ち出した。この人形峠で研究が進められ、七九年ごろにはほぼ実用化に成功した。国策民営の方針の下、関連技術は大手電力会社が出資する青森県の日本原燃に移管し、国の研究機関としての役割は終えた。〇一年に運転を停止した。人形峠で濃縮されたウラン燃料は三百トン以上に達し、全国の原発で燃料として使用された。サイクル政策として技術確立に成功した。

原子力機構は前身の動燃時代から相次いで原子力関連施設を建設して、推進の旗振り役を長年担ってきた。しかし現在は新規研究ではなく、廃炉や廃止措置、さらに放射性廃棄物の管理が主な仕事となっている。

問題は廃止措置と呼ばれる後始末だ。人形峠のセンターは一八年九月に廃止措置を原子力規制委員会に申請した。当面の廃止費用は約百億円を見積もる。

原子力機構は一八年十二月、所有する研究施設の廃止にかかる試算を公表した。原子力の黎明期から運転を始めた関連施設が相次ぎ廃炉を迎え、廃止する原子力施設の数は七十九に上り、完了するまでには最長七十年かかる。

最も費用がかかる東海再処理施設で一兆円以上。高速増殖炉原型炉「もんじゅ」も少なくと

も三千七百五十億円に達する。ナトリウム廃棄など日本は技術が確立していない。最終的に兆円単位になり、会計検査院も費用膨張の恐れを指摘。国が所管する研究開発法人の負担能力を超えるのは明らかだ。原子力機構の年間予算は千八百億円しかない。

原子力機構は国立の研究開発法人だ。発足したのは、前身の組織である日本原子力研究所、そして、人形峠でのウラン採掘を目的とした原子燃料会社にさかのぼると五〇年代。米国のアイゼンハワー大統領が原子力の平和利用を提唱し、日本が技術導入を始めたころだ。その後、相次いで原子力関連施設を建設して、研究の中核を長年担った。

「金が足りない。次世代に借金が残る」。一八年九月の原子力委員会で原子力機構副理事長の田口康は率直に訴えた。機構は研究開発法人であるため、国は単年度予算を採用している。電力会社のような引当金などの廃止作業に向けた積み立ては制度上できなかった。

原子力を国のエネルギー政策の基幹としながらその廃止や廃炉費用の積み立てをしてこなかったのだ。バックエンドと呼ばれる廃棄物処理などの問題は山積している。

原子力機構はこれらの研究施設の廃止に民間資金の活用も検討しているが、財務省との間で話は進んでいない。研究機関では到底解決できない問題だ。

国のこうした齟齬は常にあった。

廃炉費用を見積もっていなかった理由について、原子力委員会にいた元官僚は「原子力技術導入期には将来の廃止や廃棄の議論はほとんど俎上に載らなかった。金よりもエネルギーの自

給の話が優先だった」と明かす。中曽根康弘らも導入の後始末までは考えなかったのだろう。

日本の原子力政策はさまざまなアクターが群雄割拠し、研究開発の方向性や将来世代の負担のあり方など一貫性のある方策は採られてこなかった。

三菱重工本社

「原子力委員会の意見などもう拘束力がないではないか」、「だったら原子力政策大綱に盛り込まれているとか、原子力委の決定だとか引用しないことだ」。

フランスがアストリッドの開発縮小を通告する一カ月前の二〇一八年五月、東京都内の三菱重工業本社内の会議室。同社役員と原子力委の担当者の間で激しいやりとりが続いていた。原子力委が翌月公表しようとしていた「技術開発・研究開発に対する基本的考え方」という意見書の原案を三菱側に示したことがきっかけだ。

政府はこのとき、高速増殖炉原型炉「もんじゅ」を廃炉にするものの、高速炉の研究開発自体はフランスのアストリッド計画といった海外協力の形で継続する考えだった。

だが、この方針には原子力委員会が公然と異議を唱え始めていた。委員長の岡芳明の考えだった。原子力委が問題視したのが、技術的に込み入った話となるが、「ナトリウム型」の採用だ。

ナトリウム型の高速炉の実用化は国策だった。文部科学省や経済産業省などは三菱重工を研究の協力企業に選び、文科省所管の日本原子力研究開発機構と二人三脚で開発を進めてきた。

アストリッド計画でも三菱重工は　三菱ＦＢＲという新会社まで設立して、研究者を派遣してきた。

　そのような経緯を無視するかのように、原子力委の意見書は、今後の原子力開発は、商用化に向けて十分なコスト競争力を重視することを提言。さらに高速炉も日本やフランスが採用した原子炉の冷却にナトリウムを使用する型式に研究を限定しないように求めていた。

　もんじゅは核燃料の冷却剤として、通常の原発で使う軽水ではなく液体金属ナトリウムを使用する。フランスの「スーパーフェニックス」やロシアの「ＢＮ－８００」もこの方式を採用した。

　各国がナトリウムを採用した理由は軽水よりも中性子を通しやすく、核燃料とより反応させて多くの燃料の増殖などが可能だったことが挙げられる。沸点が高いため軽水炉のように高圧に耐える構造にする必要もなかった。もんじゅでは約千七百トンのナトリウムを使用していた。

　ただ克服が難しい技術的な課題があった。ナトリウムは水や空気に触れると激しく反応する性質があり、取り扱う方法が確立できなかった。フランスの「スーパーフェニックス」もナトリウム型が一因で、廃炉に追い込まれた。もんじゅも一九九五年のナトリウム漏洩事故以降、まともに稼働できずに廃炉となった。

　三菱重工との議論で出た原子力政策大綱とは二〇〇五年に原子力委が策定し、閣議決定された文書に他ならない。原子力政策大綱には高速炉開発について「運転経験を通じたナトリウム

取扱技術の確立」と明記されていた。　国策で進められ協力してきた民間の側がはしごを外された形になる。

関西電力社長の岩根茂樹はかつて文科省からもんじゅ支援の打診を電事連経由で聞いた際に「日本の原子力体制は推進する主体がバラバラで統一性がない」と役員らに漏らしていた。その言葉通り、高速炉開発に対する姿勢も政府内で統一的な見解がない状況であった。

実際、三菱重工の幹部は「国に言われたからやった」と原子力委側に何度も抗議の意を示した。

原子力委の意見書は原子力研究について「必ずしも実用化の死の谷を考慮していない」と指摘していた。日本の原子力研究開発は常に商用化の「谷」を越えられなかった。

そもそも官民の橋渡し役として計画的に推進するはずの原子力委が、十分な役割を果たしてこなかったことも大きな要因だった。原子力委の権限は法改正によって一四年に縮小した。

確かに原子力委の言う通り、原発事故後、原発の再稼働すら進まず、電力自由化という環境の激変の中で高速炉開発に従来のような潤沢な国家予算は投じられない。かつて核燃料サイクル推進の主導者であった原子力委が現実を見据えて大きく舵を切ったことは評価に値する。

しかし一兆円を超す巨費を投じながら頓挫した国のプロジェクトについて、政府全体での総括がないまま企業側に意見書を提示するのは、国策民営の責任の所在をあいまいにしている。

官民泣き別れの再処理施設

官の側だけではない。官と民においてもサイクル技術を巡り不毛な主導権争いをし、時間と原資となる国民の電気料金を空費した。それがいまだに動かない六ヶ所村の再処理施設だ。「審査は最終盤を迎えている。最も重要な局面を乗り切る」。二〇二〇年一月六日、日本原燃社長の増田尚宏は青森県六ヶ所村にある使用済み核燃料の再処理施設の稼働に向けてこう意気込んだ。

同施設が日本の核燃料サイクル政策の中核機能を担うことは何度も繰り返し述べてきた。一九九七年の操業を目指していたが、二十年以上延期を繰り返し、いまだ稼働していない。日本でも再処理事業が動いていた時期もあった。茨城県東海村にある日本原子力研究開発機構の施設においてだ。

原子力機構の正門を抜け、松並木を通過すると横長の巨大な白い建物が現れる。かつて全国から使用済み核燃料を運び込み、燃料のせん断や抽出、混合などと呼ばれる再処理作業を実施していた。

七一年に建設着工。途中長期の停止もはさみながらも〇七年まで稼働した。再処理した燃料も約一千トンを超え、技術の確立は成功した。現在は原子力規制委員会に廃止措置を申請中だ。

再処理事業は核兵器にも利用可能であるプルトニウムも抽出されるため、核不拡散上、厳しい制約が課せられる。現在も国際原子力機関（ＩＡＥＡ）の監視を受け、入構にも厳重な警備

上の手続きがある。

なぜ東海村では部分的に実現した技術が六ヶ所村の再処理施設では失敗しているのか。そもそも原子力委員会は核燃料サイクルにおける技術は国が研究開発し、民間に移転させる方針を一九七六年に決定していた。そこには「動燃事業団再処理工場の運転を通じて我が国の再処理技術の確立に努める」とし、民間事業者に対しては「再処理技術に関しては、動燃事業団等によって得られた経験を活用する」と明記していた。

東海村の再処理施設はフランスなどの技術支援を受けながらも、技術の国産化を目指して研究が進められたものだった。

一方で電力会社は「自らの原発で出した使用済み核燃料は自らで再処理する」という方針で、早くから民間が独自に再処理事業を実施する希望を国側に伝えていた。国からの指導や影響を弱める狙いがあったことも背景にある。そして原燃が八五年、六ヶ所村に現在ある再処理工場の建設を決めた際、原子力機構（当時動力炉・核燃料開発事業団）の技術はほとんど採用せず、主にフランスから輸入することを決めた。

原子力機構側は東海村での研究成果をもとに施設を商業用に大型化した「ＲＰ－４００」を設計、電力会社に提案したが、受け入れられなかった。結局、高レベル放射性廃棄物をガラス固化体にすることなど数点の技術のみの採用となった。

原発三十基以上を運用する計画があり、そもそも原子力機構の再処理施設よりも大きなもの

が必要だった。

しかしガラス化で使用する溶融炉を五倍に大型化したことで炉の中に温度のむらが生まれ、廃液をうまく固化体にできなくなった。

原燃は結局、東海村の原子力機構の敷地内にある「ＫＭＯＣ」と呼ばれる溶融炉の実験設備で機構と共同で実験に臨み、二〇年二月まで試験を繰り返した。

ＫＭＯＣについて原燃は「ガラス固化技術は様々なトラブルを経験したためオールジャパン体制で実施していく」と説明していた。民間と国の研究機関、メーカーが一体となることを強調したものだ。しかし再処理事業自体が官民が連携する事業だったはずである。

元もんじゅ建設所長の菊池三郎は「当時の電力会社の力は福島事故後の現在とは比べられないほど強く、商用化する主体である電力会社にできない、引き取らないと言われればもはやどうしようもなかった」と語る。さらに「動燃の技術を導入することで、国に技術指導や経営などに関与させたくなかったのだろう」とも振り返った。

一方で原子力機構に出向したことのある元電力会社役員は「六ヶ所村の原燃のガラス固化体が何度も失敗したとき、原子力機構に過去の失敗の報告書などを求めたがなかった」と振り返る。「民間もおごりがあったが、国側も技術を民間にどう落とし込むか発想がなかった」と話す。

官民の分断で結局、六ヶ所村の再処理施設は一度も稼働しないままだ。

渡れない交差点

「科技庁から通産省への交差点を渡るのは難しい」。かつて長く原子力研究者の間で使われていた言葉だ。二〇〇一年の省庁再編まで、霞が関において旧科学技術庁は経済産業省の道路を挟んだ反対側にある外務省庁舎内にあった。旧科技庁が所管する原子力機関や大学などが研究開発した技術が、商業ベースでの実用化に至らないことを揶揄した言葉だった。

現在も原子力に限らず、技術や医療の研究開発は文部科学省が担い、「産業化」と言われる商用化の段階になった場合の支援の取り組みは経産省が担うことになっている。原子力の分野では二〇一六年に廃炉が決まった高速増殖炉原型炉「もんじゅ」をはじめ、国がナショナル・プロジェクトとして巨額の研究開発費を投じながらも現在、電力会社などが採用して商用化させた技術はほとんどない。

かつて動燃改革に提言した米国の大手会計事務所の九七年の報告書は率直に「ユーザーニーズを把握する努力を欠いているために、技術移転が民間事業主体者側の受け入れ意欲を促進するものになっていない」。「技術移転に関する具体的なルール（例えばプロジェクトの成果や期間、開発コストの目標金額や財源など）を動燃、電力会社、メーカーなどの関係者間で開発の早期段階で合意する。環境の変化に応じて定期的に見直す」とある。

核燃料サイクルの要となるはずだったプルトニウムを多く消費する原子炉においても官民の歩調が乱れた。

「大間の発電所は日本のプルトニウム政策の中でも必要だ。きちんとやらなければならない」。二〇二〇年一月十日に青森県を訪れたＪパワー（電源開発）社長の渡部肇史は建設が中断している大間原発について地元の青森県で強調した。大間は稼働すれば年間約一・一トンのプルトニウムを消費できる。しかし二〇年三月現在、大間原発の工事進捗率は四十パーセントに満たないまま止まり、再開のめどは立っていない。

大間には別の原子炉が当初建設される予定だった。国がプルトニウムを効率よく消費するために研究開発した新型転換炉（ＡＴＲ）と呼ばれる国産の実証炉だ。

「委員長、ＡＴＲ実証炉は民間のわれわれでは引き取れません」。一九九五年七月、電事連会長荒木浩ら電力会社幹部が科学技術庁の田中真紀子長官の部屋を訪れて告げた。委員長とは科技庁長官が原子力委員長を兼ねていたために出た言葉だ。田中は「一体、何の話をしているんだ」と驚くだけだった。

科技庁が所管する動燃はＡＴＲの原型炉「ふげん」を既に稼働させていた。多くのプルトニウムを消費する設計とし核燃料サイクルの柱と位置づけられた。

原子力委はふげんの次の段階に向けた実証炉を民間中心で建設することを八二年に決定。二年後、大間町が誘致を決議した。八五年に実証炉の引受先となる電源開発が地元に建設を申し入れていた。その実証炉計画が科技庁長官の部屋で一日にして覆されたのだ。

当時を知る文部科学省のＯＢは「全くの不意打ち。看板のナショナル・プロジェクトをほご

にされたショックは庁内にも動燃にも大きかった」と振り返る。

電事連側が実証炉の建設を拒否した最大要因はコストだ。九五年三月に建設費の見積もりを見直した結果、建設費が当初見積もりの三千九百六十億円から五千八百億円に上ることが判明した。原子力は国策民営だ。実証炉以降の建設や運営などの商用化は電力会社が担う。科技庁長官への「通告」に立ち会った電事連幹部は証言する。「九五年は電力事業が一部自由化され、今後も緩和の方向だった。高コストのものは受け入れられる現状ではなかった」。

このときの決定は核燃料サイクル政策に大きな矛盾を生んだ。電力会社はプルトニウムをよく消費するATRの代わりに通常の軽水炉でプルトニウムを消費する「プルサーマル」に転換した。電事連は九七年、二〇一〇年までに全国で十六〜十八基のプルサーマル計画を実施すると明らかにした。

しかし福島原発事故後、原発の再稼働が進まず同計画は頓挫した状態だ。大間原発の建設再開のめども立っていない。

余剰となったプルトニウムが一八年の日米原子力協定の自動延長の際に顕在化することになったのは序章や第一章で述べた通りだ。

民間が商用化に臨む以上、コストを重視するのは当然である。一方で原子力委は当初「国産原子炉は悲願」とまで言っていた。コストとエネルギー安全保障の関係について国のビジョンはあいまいなままだった。

国を挙げて推進した研究の後始末である廃止措置に向けた予算と人員、安全の確保研究などは超党派の建設的な議論は皆無だ。原子力はその当初から官も民も将来を見据えた体制ではなかったのだ。

「核燃料サイクルの確立をはかるため国の責任のもとに強力に推進すべきだ」。六七年、原子力機構の前身の研究組織が設置されたとき自民、社会、公明などの与野党が法律の付帯決議に盛り込んだ文言だ。サイクル政策の歴史をひもとけば保守・革新を問わず技術確立に当初は賛同した。その矛盾は現在噴出している。大きなツケが国民、官僚や原子力機構の研究者にものしかかっている。

原子力を活用するにせよしないにせよ、今ある施設の廃止を着実に進めなければ次世代への大きな負担になるだけだ。コストを度外視した研究開発も最終的に担い手が民間の電力会社である以上、商業ベースでコスト競争力がなければ、これまでと同じ轍を踏む。原子力政策の失敗を真摯に受け止めなければならない。

あとがき

本書は日経産業新聞先端技術面に一九年三月から二〇年四月まで計二十二回連載した企画「核燃サイクル政策の蹉跌」に加筆・修正を加えたものである。取材は電力会社から大学、研究機関、中央省庁まで多岐にわたった。章の構成、順番も基本的に連載通りとした。派生した日本経済新聞本紙の記事も随時盛り込んだ。

日本の原子力政策は単にエネルギー供給の問題にとどまらない。原子力は核兵器という軍事目的で開発された経緯から、まず安全保障から切り離せない。さらに人体に有害かつ通常の方法では処分ができない放射性物質を扱うという点でも火力や再生可能エネルギー等、ほかの電源とは本質的に区別が必要になる。働く人々、扱う会社、立地する自治体、研究する機関や大学など支える裾野も広い。

また再処理事業においてはプルトニウムを生産するという経緯から、何度も検証したように主に米国の強い干渉を受ける。その技術の保持は石破茂氏の発言のように軍事的なバッファーにもなり得るとの見解がある。この議論には賛否があるものの、原子力は一電源と並列しては

読み取れない多面性を持つ。

また日本のような民主主義国家においては透明性が政策推進には重要になる。ときに中国やロシアにおいて原子力が順調に開発され、日本の原発が停滞する現状を比較する論調を見るが、それは民主主義を旨とする日本では参考にならない議論である。説明責任を十分に考慮に入れない政策は日本では支持されず、最後は遂行不可能になる。

政府は二〇五〇年の脱炭素の電源として原子力の活用を掲げている。本書で検証したように、日本の原子力にはすでにさまざまな乗り越えがたい障壁がある。メリット・デメリットを隠さず、ごまかさずに真摯に説明し、国民もその議論に積極参加すべきであろう。その意味で討論型世論調査などは有効な施策に見える。

一つ印象に残った取材を紹介したい。原発の後始末の話である。廃止措置が完了していないのは、終章で紹介した原子力機構の大規模施設、さらに事故を起こした福島第一原発だけではない。複数の大学が持つ小型の研究炉も処分場が決まらず廃炉が進んでいない。

JR逗子駅から車で四十分ほどの神奈川県横須賀市の海岸沿いにある立教大原子力研究所では約五万平方メートルの敷地に研究棟や原子炉建屋が残っていた。米国のキリスト教団体から寄贈され、六一年に国内初の本格的な研究用原子炉（出力百キロワット）として臨界に達し、延べ約一万八千人の学生や研究者が携わったという。〇一年に運転を停止し、解体した原子炉は鉛の容器に入れて建屋内に保管。他の放射性廃棄物も鋼鉄製のドラム缶に収容しているという。

国による処分場選定が止まっているためだ。

管理担当者は学費や政府の助成金で賄うことを挙げて「大きな負担だ。国は早く処分場を決めてほしい」と話していた。

戦後まもなく、中曽根康弘らが強力に進めた原子力政策は大学など教育界も加わっていた。教育や研究を目的に、東京大学や京都大学、旧武蔵工業大学などが小型の原子炉を建設した。しかしそれから既に六十年以上が過ぎ、老朽化した施設の始末すら満足に出来ていない。改めて指摘するが、原発を使うにせよ、なくすにせよ今ある廃棄物の処理は着実に進めなければならない。福島の事故以前、原子力による電気の受益者だった我々の世代で解決すべき課題である。先送りは許されることではない。

本書の出版にあたり、白水社の竹園公一朗氏に多大な貢献をいただいた。写真の選定から校閲まで竹園氏の協力がなければ本書は完成しなかった。ここに深い謝意を表したい。

二〇二一年一月二十四日

塙和也

参考文献

伊原智人「公共政策の理論と現実」『財政と公共政策』、二〇一二年
曽根泰教「原子力政策と討論型世論調査」日本公共政策学会、二〇一四年
吉岡斉『新版原子力の社会史――その日本的展開』朝日新聞出版、二〇一一年
武田悠『日本の原子力外交――資源小国70年の苦闘』中央公論新社、二〇一八年
「日本の核政策に関する基礎的研究（その一）」一九七四年
『動燃三十年史』一九九八年
『原研四十年史』一九九六年
『原子力開発三十年史』一九八六年

*

2003年	ふげん運転終了、廃止措置へ
2005年	原研、サイクル機構が統合し、日本原子力研究開発機構となる
2008年	大間原発建設着工
2009年	総選挙で民主党政権発足
2010年	鳩山政権が原発5割を掲げたエネルギーミックスを策定 もんじゅ再稼働も直後に中継装置落下事故で停止
2011年	東日本大震災、東京電力福島第一原発事故
2012年	原子力規制委員会発足 野田政権が「原発ゼロ」の革新的エネルギー・環境戦略を策定 政権交代で安倍自民党政権発足
2014年	エネルギー基本計画策定、原発比率を2割に 安倍首相がオランド仏大統領と実証炉共同研究で合意 改正原子力委法成立、機能を大幅に縮小
2016年	国がもんじゅ廃炉決定
2018年	現日米原子力協定が自動延長 原子力委がプルトニウム削減の新指針策定 フランスが実証炉「アストリッド」の建設凍結、日本に通告
2020年	青森県の再処理工場が原子力規制委の安全審査で合格 日本原燃が再処理工場の完成を22年度に延期(延期は25回目) 菅政権が2050年炭素実質排出ゼロを表明 国が脱炭素戦略まとめ、原子力活用を明記

1966年	日本原子力発電の東海発電所が日本初の商業用原発として営業運転開始
1967年	動力炉・核燃料開発事業団（現日本原子力研究開発機構）設立 原子力委、新型転換炉（ＡＴＲ）を国産炉として自主開発することを決定
1968年	旧日米原子力協定発効
1970年	核拡散防止条約（ＮＰＴ）発効 新型転換炉原型炉「ふげん」建設着工
1977年	高速増殖炉実験炉「常陽」が初臨界
1979年	米スリーマイル島原発事故、その後長期新増設停止 ふげん本格運転開始 動燃、ウラン濃縮パイロットプラント運転開始
1981年	日本初の核燃料再処理施設である動燃「東海再処理施設」が運転開始
1985年	高速増殖炉原型炉「もんじゅ」の本体着工
1986年	ソ連チェルノブイリ原発事故
1988年	現日米原子力協定が発効
1994年	高速増殖炉原型炉「もんじゅ」が初臨界
1995年	原子力委、新型転換炉実証炉の建設中止を決定 もんじゅ冷却系ナトリウム漏洩事故で停止。隠蔽工作など不祥事に発展
1998年	不祥事を受け、動燃が核燃料サイクル開発機構に改組

関連年表

1939年	核分裂発見
1945年	広島・長崎に原爆投下。終戦後、米国が日本の原子力研究を禁止
1953年	アイゼンハワー米大統領が「原子力の平和利用」演説
1954年	日本初の原子力予算成立 日本学術会議が原子力研究に「自主」・「公開」などを要望
1955年	中曽根康弘ら自民、社会党議員らが原子力基本法を議員立法で制定 通産省が人形峠で日本初のウラン鉱床露頭を発見 日米原子力研究協定発効
1956年	原子力委員会設置、初代委員長に正力松太郎 日本原子力研究所（現日本原子力研究開発機構）設立
1959年	中曽根が原子力委員会委員長に就任
1961年	原子力委、長期計画で核燃サイクル推進明記 国が高速炉の実現を打ち出す
1963年	原子力研究所の試験炉「ＪＰＤＲ」で日本初の原子力発電 米ゼネラル・エレクトリック（ＧＥ）製の沸騰水型原子炉
1964年	中国が核実験に成功

著者略歴

塙和也（はなわ・かずなり）

一九七七年十二月生まれ。日本経済新聞社専門エディター（気候変動、エネルギー・環境等）。東京経済部、科学技術部で原子力政策、環境政策、気候変動対策などの担当を経て現職。大阪経済部では電力・ガス、エネルギー関連企業を担当した。二〇〇三年三月法政大学大学院社会科学研究科修士課程修了。著書に『自民党と公務員制度改革』（白水社）がある。

原子力と政治

ポスト三一一の政策過程

二〇二一年二月一五日　印刷
二〇二一年三月　五　日　発行

著　者　塙　和也
発行者　及川　直志
印刷所　株式会社　三陽社
発行所　株式会社　白水社

東京都千代田区神田小川町三の二四
電話　営業部〇三（三二九一）七八一一
　　　編集部〇三（三二九一）七八二一
振替　〇〇一九〇・五・三三二二八
郵便番号　一〇一・〇〇五二
www.hakusuisha.co.jp

乱丁・落丁本は、送料小社負担にてお取り替えいたします。

誠製本株式会社

ISBN978-4-560-09827-1
Printed in Japan

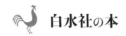

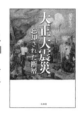

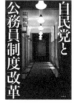